KB138296

사라져 가는 것들의
안부를 묻다

사라져 가는 것들의 안부를 묻다

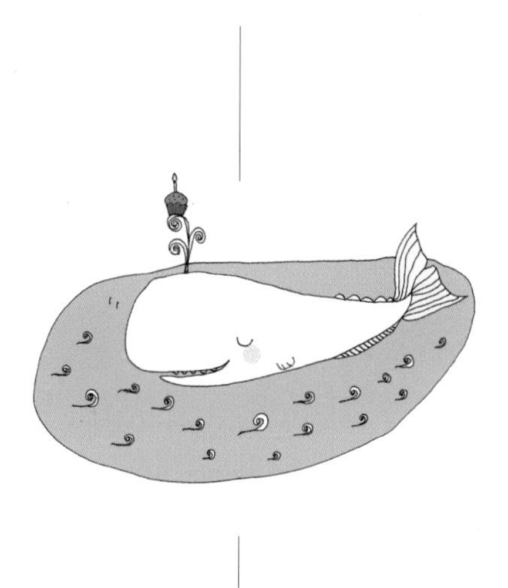

윤신영 지음

MiD

사라져 가는 것들의 안부를 묻다

초판 1쇄 발행 2014년 10월 22일
초판15쇄 발행 2023년 06월 08일

지 은 이 윤신영
펴 낸 곳 (주)엠아이디미디어
펴 낸 이 최종현
행정총괄 박동준
편 집 장 최재천
본문편집 박은진
마 케 팅 최종현

주 소 서울특별시 마포구 신촌로 162 1202호
전 화 (02) 704-3448
팩 스 (02) 6351-3448

이 메 일 mid@bookmid.com
홈페이지 www.bookmid.com
등 록 제 2011-000250호

I S B N 979-11-85104-12-6 03400

책 값은 표지 뒤쪽에 있습니다. 파본은 구매처에서 바꾸어 드립니다.

프롤로그

이 책은 색다른 구성으로 썼습니다. 여러 종의 동물이 릴레이처럼 서로가 서로에게 편지를 씁니다. 편지를 쓰는 동물은, 때로는 자기의 이야기를 하기도 하지만, 대개는 편지를 받는 쪽에 대해 이야기를 합니다. 이것은 편지라는 매체가 다른 어떤 글보다 '읽는 이'를 구체적으로 염두에 두고 쓰는 글이기 때문에 가능한 일입니다. 우리는 편지를 받는 이가 불특정 다수가 아니라 바로 '그이'라는 사실을 압니다. 편지는 그 구체적인 당신에게 말을 걸고 관심을 가지며 궁금한 것을 물어볼 수 있는 유일한 매체입니다. 상대를 향해 다정한 손길을 내밀 수 있습니다. 편지가 비록 보내는 나의 목소리와 필체를 담고 있다고 해도, 본질은 읽는 상대에게 가 닿고자 하는 마음, 그이에게 전하고 싶은 말, 그리고 상대에 대한 관심을 내가 갖고 있나는 믿음입니다. 그러고 보니 문득 궁금해집니다. 우리가 글을 통해, 내가 아닌 '당신'의 안부를 물어본 지가 대체 얼마나 됐을까요. 메일이나 문자 메시지, '카톡'을 통해 약식화된 대화에서, 내 이야기가 아니라 '당신'의 이야기를 건네 본 지 오래 되지는 않았나요. 소략화한 대화에 익숙해져서인지 각자가 자신이 할 말을 하고 들을 말만 듣고 마는 경제적인 소통이, 문자로 나누는 대화의 대부분이 된 느낌입니다. 내 육성으로 다정하게 상대의 이야기를 말해주고 청하여 다시 듣는 일은 경험하기 어려운 일이 돼 버렸습니다. 물론 바쁜 시대에 거추장스러운 인사나 거죽뿐인 공허한 염려 따위 없어도 좋지 않느냐는 반문도 일리 있습니다. 세상에서 사라지는 물건이나 습성에는 다 나름의 이유가 있겠지요. 상대의 안부를 부러 물어주고 상대의 이야기를 굳이 하는 그 거추장스럽고 공허한 일을, 그러나 이 책에서는 애써 하려 합니다. 이 책의 어느 국면에서 여러 번 등장할 용어로 비유하자면 '멸종'된 행동과 양식을, 이 책은 거스르려고 합니다.

또한 이 책은 생물학, 생태학 등 과학적인 내용을 뼈대로 하되, 그 안에 되도록 풍성하게 문학이나 철학 내용을 집어 넣으려 애썼습니다. 그래서 혹자가 보기에는 이 글이 과학 에세이가 아니라 문학과 과학, 철학, 문명비판이 뒤섞인 혼종 에세이로 보이기도 할 것입니다. 그 역시 제가 의도한 바입니다. 과학에 대한 지식을 전달하는 데 모든 역량을 집중하느라(그 자체만으로도 힘겨운 일이긴 합니다) 인접한 다양한 세계를 보여주는 데에까지 나아가지 못하는 일부 과학 글쓰기에 대해 작은 의문을 제기하고, 좀 더 새로운 방식으로 과학을 읽고 사유할 수 있게 하는 책의 사례를 만들어 보고자 했습니다. 그래서 이 책에는 생태계의 먹고 먹힘에 대해 다루다가 《주역》의 구절을 등장시키기도 하고, 호르몬 반응을 언급하다가 시를 인용하기도 하며 멸종을 이야기하다가 영화 장면을 불러오기도 합니다. 현대 사회는 과학이 사회와 문화적 맥락 여기저기에 깊숙하게 스며 들어 있고, 또 전방위적으로 영향을 주고 받는 사회입니다. 이 책의 노력은 미완일 수 있지만, 색다른 과학 텍스트가 등장하는 밑거름이 됐으면 좋겠습니다.

에두르지 않고 오히려 일삼아 하는 이 문투와 내용이, 지식을 손쉽고 달콤하게 읽어내길 선호하는 독자의 마음과는 반反할지는 모르겠습니다. 하지만 저는 과학에 대한 글을 생업을 위해 쓰는 사람으로서, 과학이 왜 꼭 쉽게, 고갱이만으로 전달돼야만 하는지 의문스러울 때가 많습니다. 명쾌하고 쉽게 풀고, 비유를 통해 최대한 이해하기 쉽게 만들어 쓰라는 게 모든 과학 콘텐츠를 만드는 사람이 요구받는 주문입니다만, 왜 유독 과학만 그리 해야 하나요. 과학이 어렵기 때문에? 하지만 신문에 곧잘 나오는 형이상학적이고 추상적인 현대 철학자에 대한 기사는 이해하기 쉬워서 그리 쓰여지나요. 용어가 직관적이어서 더 쉽게 풀어쓰지 않는 건가요. 영화잡지에 실린 평론의 복잡한 문장은 단박에 이해할 수 있기에 용인되던가요. 경제 평론의 난해한 한자 용어는 모두가 이해하고 있나요. 왜 유독 과학이 개입한 글에만 '쉽게, 단순하고 명쾌하게, 결론만 간결하게'라는 덕목이 요구되는 걸까요. 과학자들은 그런 글의 단순함과 그로 인한 메시지의 간략함에 고개를 가로젓습니다. 하지만 여전히 많은 과학 콘텐츠는 그런 요구에 길들여 쓰여집니다. 저는 당신은 그런 글만을 요청하는 분이 아닐 거라 믿습니다. 이 편지글 형식에 당신이 흥미를 가지고, 나아가 상대에 대한 관심을 글로 표현하는 정신에 대해 흥미를 느껴보면 좋겠습니다.

이 책을 이런 식으로 구성한 것은, 이렇게 잃어버린 편지 형식을 복원해 '당신'에 대한 이야기를 담아보고 싶기 때문입니다. 하지만 그게 전부만은 아닙니다. 책에 등장하는 13종의 생명은 모두 직간접적으로 서로 긴밀하게 연결된 생태계의 구성원입니다. 따라서 모두가 서로에 대해 한 마디씩 대화를 건넬 수 있는 사이입니다. 이들은 사실 굳이 상대에게 편지를 쓰지 않아도 생태계의 복잡한 그물 안에서 서로 알게 모르게 만나고, 또 서로의 생태적 지위를 잘 이해할 것입니다. 하지만 겉으로 드러나지 않는 이들 사이의 관계를 시야로 꺼내 보면 어떨까 생각했습니다. 그래서 이들에게, 서로를 향해 사람처럼 '말'을 할 수 있는 기회를 줘보자고 생각했습니다. 서로에게 할 말이 많을 거예요. 물론 망설임도 있었습니다. 언어는 생각의 틀이라고 하죠. 따라서 사람처럼 말하고 쓰면, 동물로 하여금 사람처럼 생각하고 사람을 더 잘 이해하거나 양해하게 할 위험이 있다고 생각했습니다. 그런 위험은, 사람의 언어로 이 작업을 해야 하는 사람의 숙명적인 한계라고 치고 넘어갈 수밖에요.

사람이 곧잘 쓰는 말에 '한두 다리 건너면 아는 사이'라는 말이 있지요. 요즘은 복잡계 물리학이나 네트워크 과학에서 '링크'라는 말로 이론화시키기도 했습니다. 이 이론에 따르면, 많아도 대여섯 단계만 거치면 세상 70억 인구 누구와도 연결되는 게 가능하다고 합니다. 교통과 통신을 통해 70억 인구 모두가 잠재적으로 '아는 사이'가 될 가능성이 있는 인류에 국한된 이야기는 아닐 것입니다. 1만 km가 넘는 지역을 이동하는 철새나, 남북위를 가로지르며 대양을 자재로이 헤엄치는 고래 같은 동물, 그리고 무엇보다 지상 어디든 발을 딛고 보는 인간이 이들 동물을 연결시켜 주는 전령의 역할을 할 수 있습니다. 이런 점을 생각해 보면, 동물의 생태계 역시 서로가 서로에게 연결될 가능성이 있다고 봤습니다.

인류가 6명 내로 '링크'가 가능한 것은 인구가 70억이나 되기 때문입니다. 적은 것 같으세요, 많은 것 같으세요? 놀라지 마세요. 인류는 지구상에 존재하는 대형 포유류 중 가장 개체수가 많답니다. 포유류뿐만 아니라 양서류, 파충류 등으로 확장을 해도, 하나의 종으로서 개체수가 사람보다 많은 동물은 가축인 닭밖에 없습니다(2009년 FAO 기준 186억 마리). 그 뒤를 이어 소, 양, 돼지가 각각 따르지만 그 수는 약 10억 마리 내외로 인류에 비하면 턱없이 적습니다. 야생 상태의 포유류는 비할 바 없이 적고요. 버펄로가 그나마 가장 많은데, 2억 마리가 채 안 되니까요. 물론 여기에서 곤충 등 무척추 동물을 포함시키면 이야기는 또 완전히 달라집니다만, 일단 제외시키기로 했어요.

대부분의 대형 동물 한 종 한 종은 분명 사람보다 개체수가 적습니다. 하지만 온갖 종이 이루는 복잡한 생태계 안에서, '동물'이라는 묶음으로 한 데 일컬을 수 있는 생물의 전체 수는 결코 적지 않습니다. 분명 거쳐야 할 링크의 수는 조금 늘어날 것입니다. 하지만 그래 봐야 하나나 둘 수준입니다. 무엇보다, 제 아무리 긴 링크를 거친다 해도, 결국 연결될 운명인 것이 지구라는 폐쇄된 행성에 살고 있는 생물 모두의 당연한 삶이 아닐까요. 그러니 이들 생명의 가치에 높고 낮음의 차이는 많지 않으리라 확신합니다. 적어도 한쪽이 다른 나머지의 삶을 좌지우지해도 좋을 정도로는 말이죠. 그 한쪽이 누구인지는 아시겠죠.

이러니 태평양 한가운데의 대왕고래와, 한반도 내륙의 동굴에서 겨울잠을 자는 박쥐, 아프리카의 초원에서 아카시아 잎을 혀로 쓸어 먹고 있는 기린은 서로가 서로에게 할 말이 많은 존재일 것입니다. 벌통의 꿀벌과 우리 속의 돼지, 화석에 묻힌 인류의 조상 역시 서로에게 그리움이 많습니다. 직접은 말을 하지 못하는 그들을 위해, 인간인 제가 대신 그 말을 기록해 봅니다.

2014년 10월

윤신영 드림

사라져 가는
것들의
안부를 묻다

차례

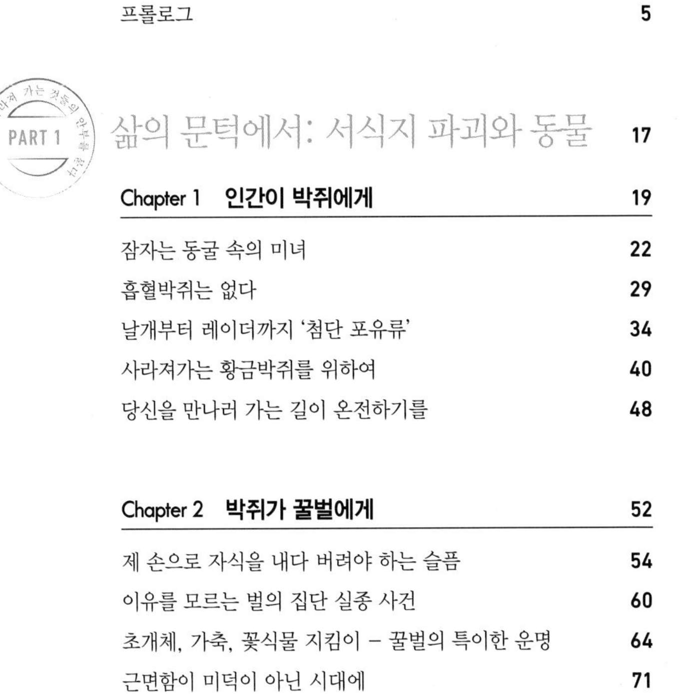

P A R T 1

삶의 문턱에서

: 서식지 파괴와 동물

인간이 박쥐에게

박쥐가 꿀벌에게

꿀벌이 호랑이에게

까치의 쪽지

사라져 가는
것들의
안부를 묻다

인간이 박쥐에게

당신이 떠난 텅 빈 동굴을 생각하며 이 편지를 씁니다. 당신이 아직 동굴에 머물고 있던 시절에 방문했던 기억이 아직 생생합니다. 당신의 몸은 아직 냉기를 유지하고 있었고, 그 냉기는 곧 동굴의 냉기였습니다. 체열體熱을 스스로 생산할 수 있는 포유류의 일원임에도, 겨울이면 몸의 온도를 낮춰 겨울잠을 자는 당신, 저는 당신을 굳이 깨울 생각을 하지 않고 가만히 자는 모습을 들여다보다 나왔답니다. 지금 그 때의 기억을 되살려 당신에게 그리움의 편지를 씁니다.

진눈깨비가 내리던 3월 초, 당신을 만나러 가는 길은 결코 쉽지 않았습니다. 서울에서 새벽같이 차를 몰아 고속도로와 국도를 차례로 달린 지 세 시간, 강원도의 한 산골 마을에 도착했습니다. 그곳에서 다시 구불구불한 비포장도로를 지나고 공사 중인 다리를 건너니, 눈 덮인 비탈 위로 작은 동굴 입구가 보였습니다. 자동차만 타고 다니는 사람들은 잘 모르지만, 찻길에서 조금씩만 벗어나 보면 한국의 산에는 이런 자연 동굴이 꽤 많습니다. 숨어 있어 입구도 잘 보이지 않고, 설령 봤다 해도 정체를 모르기 일쑤입니다. 하지만 안으로 들어가면 궁궐이 부럽지 않을 만큼 넓고 높으며, 형태도 기기묘묘한 입체 지형이 펼쳐지지요.

사람 한두 명이 겨우 통과할 수 있는 이 비좁은 입구는, 바로 당신에게로 향하는 통로이기도 합니다. 칠흑 같이 어두운 굴 안을 밝힐 외로운 전기 등불 하나를 이마에 단 채, 눈을 헤치고 조심조심 굴 안으로 내려갑니다. 비록 실제로는 그리 멀지 않을 거리였지만, 지상의 지형과 밝음에 익숙한 제 눈에 그곳은 가없는 암흑의 핵심으로 보였습니다. 깊이를 가늠할 수 없는 농도 짙은 어둠 속에서, 차가운 공기와 날카로운 얼음 기둥, 그리고 저와 만나기 직전까지 그 어떤 사람의 눈에도 띈 적 없이 태고의 원시성을 고요히 간직하고 있는 것 같은(물론 실제로는 여러 사람이 이미 거친 뒤일테니 그건 사실이 아니겠지요) 연못을 지났습니다. 어둠에 익숙해지지 않은 눈으로 동굴 속을 한참 헤매고 나서야, 저는 비로소 당신을 만날 수 있었습니다. 눈을 꼭 감은 채 세상에서 가장 깊은 잠에 빠져 있는 당신, 박쥐를요.

당신에 대한 이야기를 처음 들었을 때, 제 머리에 떠오른 것은 한 편의 시였습니다. 이성복 시인의 '파리도 꽤 이쁜 곤충이다'라는, 제목이 재미난 시지요. 사람들은 자세히 들여다 보지 않은 대상에 대해 막연히 편견을 가지고 있을 때가 많습니다. 그런 사람들을 비난하고 싶은 생각은 없어요. 어떻게 자연의 모든 대상에 대해 완벽하게 올바른 지식을 갖고 있겠어요. 하지만 유독 당신에 대해서는, 따로 나서서 변호라도 해 주고 싶을 만큼 인식이 좋지 않더군요.

사람들은 당신이 매우 못생겼고 징그러우며, 재수가 없는 동물이라고 말합니다. 영화나 만화에서 기분 나쁜 악당의 소굴이나 마녀의 성을 묘사할 때면, 꼭 주위에는 달빛을 배경으로 당신의 그림자가 파닥이는 모습을 그리곤 하지요. 심지어 병균이나 바이러스를 옮기고, 가축이나 사람의 피를 빨아먹는다는 말까지 합니다.[1] 음습한 동굴에서 검은 날개막을 옷 삼아 거꾸로 매달려 자는 모습은 많은 사람들을 불편하게 합니다. 지구의 중력에 굴복해 사는 우리 사람들의, 그리고 대다수 다른 동물들의 일상적인 생활 습관을 온몸으로 전복

했기 때문일까요. 죽어서도 거꾸로 매달린다는 당신의 습성이 그악스럽게 보였기 때문일까요.

사정이 이러하니, 당신에게 귀엽다는 말이 과연 가당키나 한 말일지 의심하는 사람이 많습니다. 저는 자신 있게 말합니다. 사람들은 당신에 대해 거의 모른다고요. 당신을 만나는 길이 이렇게나 멀고 험한데, 그리고 당신을 만나 얼굴을 마주하려는 노력을 한 번도 한 적이 없는데 어떻게 알 수 있었겠어요. 그래서 결심했습니다. 당신을 꼭 만나야겠다고요. 만나서 지구상에서 가장 작고 귀여우며 이롭고 평화로운 포유류인 당신을 소개해야겠다고요. 그게 제가 이 동굴을 찾아온 이유입니다.

잠자는 동굴 속의 미녀

당신은 전 세계 포유류 종의 20%를 차지하는, 설치류 다음으로 종이 다양한 포유류입니다. 온대와 열대 지방 전역에 걸쳐 1200여 종이 살고 있고, 우리나라에도 23종이 살고 있지요.[2] 성인들 중에는 몇 해 전까지, 시골은 물론 서울이나 인천과 같은 대도시에서도 밤이면 휙휙 날아가는 박쥐의 모

박쥐의 날개막

습을 봤다는 말을 하는 경우가 많습니다. 생각보다 박쥐는 많고 가까웠다는 뜻입니다.

그래서일까요. 사람들은 막연히 당신에 대해 잘 알고 있다고 생각합니다. 동굴에서 겨울잠을 잔다는 사실, 활동기가 되면 팔과 다리, 꼬리 사이를 덮은 '날개막'이라는 피부막을 이용해 날아다닌다는 사실, 날개막 구조는 새나 화석 속의 익룡과는 다르다는 사실을 이야기합니다. 어두운 동굴에서도 길을 찾거나 먹이를 잡을 수 있도록 초음파를 낸다는 설명도 당신에 대한 묘사로는 단골입니다. 하지만 저는 당신을 진정으로 이해하는 사람은 아직 매우 드물다고 생각합니다.

어둠이 눈에 익숙해질 무렵, 저는 곤히 잠들어 있는 당신을 알아봅니다. 하지만 가만히 바라볼 뿐, 깨우지 않습니다. 3월 초순은 당신이 겨울잠에서 벗어나기엔 이른 시기라는 것을 아니까요.

동굴에 들어와 처음으로 만난 당신. 당신의 이름은 물윗수염박쥐입니다. 우리나라에 7종이 있는 윗수염박쥐 속(속은 생물 분류의 한 단계로, 종의 상위개념) 중 한 종입니다. 강원도에 흔한 석회암 동굴에는 틈이나 구멍이 많이 있는데, 당신은 굳이 그 비좁은 틈에 홀로 또는 두어 마리씩 자리를 잡

물윗수염박쥐

고 있습니다. 아마 겨울이 시작되던 전 해 11월에 그곳에 자리잡았겠지요. 활동기인 봄부터 가을까지, 당신은 동강 등 주위의 강을 드나들며 물 위의 먹이(곤충)를 잡아 먹고 살았을 것입니다. 그러다 겨울이 가까워옴을 예감하고는 이곳 동굴 천장에 잘 곳을 마련했겠지요. 천장의 미세하게 갈라진 바위 틈에요. 제 눈에는 그저 주름으로 보이는 그 틈이, 당신에게는 퍽 안락한 침실인가 봅니다.

동물이 동굴에 거처를 마련하는 것은 꽤나 오래되고 보

편적인 습성입니다. 아마 이 책의 말미에는 인류의 가장 가까운 친척마저 동굴에 거처를 정하고 살았다는 편지가 소개될 것입니다. 우리 인류 역시 동굴에 피신해 목숨을 부지한 역사가 길다는 뜻이겠지요. 박쥐, 당신 역시 마찬가지일 것입니다. 동굴이 주는 환경적 안정성은 혹독한 풍화에 노출된 그 어떤 지역보다 당신을 편안하게 했을 것입니다. 하지만 과학은 당신이 겨울마다 이렇게 동굴을 선호하는 이유를 훨씬 상세히 밝혀내고 있습니다.

동굴은 마치 땅 속에 묻은 호리병처럼 입구는 좁고 안은 넓습니다. 공기가 많이 드나들지 않으니 그 자체로도 내부

동굴 입구

온도 변화가 크지 않아요. 그 중에서도 암벽에 있는 좁은 틈은 변화가 거의 없어요. 당신은 그 틈에 발이나 몸을 끼우고 깊이 잠이 듭니다. 당신이 겨울잠을 자기에 이보다 최적인 환경을 찾을 수 있을까요. 겨울잠은, 동물이 먹이가 없는 겨울을 견디기 위해 몸의 대사율을 최저로 낮추는 활동입니다. 이 때 중요한 것은 체온을 일정하게 낮은 온도로 지속적으로 유지하는 일입니다. 외부 온도가 오르락내리락 하면 체온 유지도 힘들어집니다. 따라서 온도가 안정적인 곳을 찾는 것은 당신의 생존을 좌우하는 대단히 중요한 일입니다.

그런데 박쥐는 종마다 겨울잠을 잘 때 선호하는 온도가 있습니다. 그리고 같은 동굴 안에서도 위치에 따라 온도가 다르기 때문에 발견되는 당신의 종류도 다릅니다. 동굴 입구는 찬 외부 공기가 드나들기 때문에 상대적으로 온도가 낮습니다. 반면 안으로 깊이 들어갈수록 공기 유입이 줄어들고 온도는 올라가지요. 한참 들어가면 온도가 더 이상 오르지 않는 지역이 나옵니다. 이곳을 '항온대'라고 합니다. 신비롭게도, 항온대의 온도는 그 지역의 연평균 기온과 같습니다. 중부지방인 이곳은 대략 13°C쯤 되겠지요. 입구는 3°C였으니, 동굴의 가장 깊은 곳과 입구는 거의 10°C나 차이가 나네요. 이렇게 동굴은 깊이와 구조에 따라 온도가 다양하기 때문에, 당신은 좋아하는 온도를 찾아서 겨울잠을 잘 수 기 있답니나.

그러니까 제가 동굴에 들어와 다른 종이 아닌 물윗수염박쥐를 처음 만난 것이 우연이 아닙니다. 물윗수염박쥐는 지금 이곳의 온도인 3~5℃정도에서 겨울잠에 듭니다. 이보다 높은 온도에서는 잠을 잘 수 없어요. 우리의 만남은 우연이 아닌 거죠.

이렇게 박쥐가 겨울잠을 자는 온도와 시기, 그리고 분포 사이에는 정교한 관계가 있다는 사실을 밝혀낸 것은 우리나라 과학자입니다. 국립생물자원관 동물자원과 김선숙 박사는 윗수염박쥐속屬에 드는 또다른 박쥐인 붉은박쥐(일명 '황금박쥐')의 동면 기간에 주목했습니다. 붉은박쥐는 다른 종보다 일찍(10월 중순) 겨울잠에 들고 이듬해 늦게(5월 중순) 깨어납니다. 겨울잠 기간이 무려 220일로 길죠. 한 해의 3분의 2를 꼬박 잠을 자면서 보내는 셈이에요. 참 팔자 좋은 박쥐죠.

김 박사는 붉은박쥐가 이렇게 기이한 겨울잠 패턴을 보이는 배경에 생태적 이유가 있다고 생각했습니다. 그래서 전남 함평 지역의 30년 동안의 월별 최저기온을 구하고, 붉은박쥐가 동면하는 장소를 찾아 다니며 7년 동안의 온도를 조사해 비교해봤습니다. 그 결과 붉은박쥐의 동면 시기가 외부의 최저기온 변화와 직접적인 연관이 있다는 사실을 발견해 2013년 2월, <캐나다동물학저널>에 발표했습니다. 결과를 보면, 붉은박쥐를 동면에 이르게 하는 온도는 약 13°C였어요. 이보다 최저기온이 낮아지면 동면을 시작하고 이보다 높아지면 깨어나는 식인데, 그게 정확히 10월과 5월 중순이었습니다. 그러니까 박쥐는 외부 온도의 변화에 따라 정교하게 겨울잠 전략을 세우는, 대단히 똑똑한 동물이었던 거예요.[3]

김 박사는 붉은박쥐뿐 아니라 온대지역에서 동면을 하는 모든 박쥐들이 이런 법칙을 만족한다고 보고 연구를 계속하고 있습니다. 이 연구가 완료되면, 당신의 분포와 동면 온도, 시기를 통해 기후변화를 추적할 수 있게 됩니다. 다른 어떤 동물보다 예민하고 정확한 온도 감각을 지닌 당신이니, 정말 도전해볼 만한 연구라는 생각이 드네요.

흡혈박쥐는 없다

제가 동굴에서 두 번째로 만난 당신은 관코박쥐입니다. 뾰족한 코와 밝은 털색이 특징입니다. 이 박쥐 역시 몸통이 5cm를 갓 넘는 작은 박쥐입니다. 물윗수염박쥐보다는 조금 크지만, 여전히 작은 종이지요. 여기서 잠깐. 우리나라에서 만

관코박쥐

날 수 있는 당신은 대부분 크기가 작습니다. 몸길이가 손가락 하나 정도인 4~5cm 사이인 종이 가장 많고, 조금 크다 싶은 종도 8cm 정도가 고작입니다. 몸무게는 겨우 7~14g밖에 안 나갑니다. 손에 들어보면 소풍 가던 날 먹던 김밥 한 개 무게나 될까 고개를 갸웃할 정도로 가볍습니다. 그나마 겨울잠 자기 전에는 열심히 먹어서 체중을 20% 정도 찌우지만, 깨어날 때가 가까워온 지금은 도로 원래 체중으로 돌아옵니다.

당신이 이렇게 작은 이유는 단순합니다. 우리나라에 오직 '작은박쥐아목'에 속하는 박쥐만 살기 때문이에요. 전 세계의 박쥐는 크게 큰박쥐아목과 작은박쥐아목으로 나뉩니다. 큰박쥐아목은 말 그대로 덩치가 비교적 큰 박쥐로, 주둥이가 뾰족하고 눈이 크며 몸집도 거대합니다. 언뜻 보면 날아다니는 여우나 개처럼 생겼지요. 그래서 '날여우박쥐'라고도 불리는데, 이 박쥐는 날개 길이가 최고 1.5m까지 갑니다. 하지만 대부분 열대와 아열대 지방에 살기 때문에 우리나라에는 없습니다. 반면 작은박쥐아목은 극지방을 뺀 전 세계에 사는데, 이름 그대로 크기가 아주 작답니다.

당신은 제게 문제를 내는군요. "서양사람들이 '뱀파이어' 전설을 만든 흡혈박쥐는 어디에 속할까요?" 고민이 됩니다. <뱀파이어와의 인터뷰> 같은 영화 속 흡혈귀는 덩치가 사람만큼 크지요. 그건 어디까지나 영화일 테니 논외로 하더라도, 피를 빨아 먹으려면 적어도 크기는 커야 할 것 같습니다. 저는 조심스럽게 "큰박쥐아목에 속할 것 같다"고 대답했습니다. 하지만 당신, 그럴 줄 알았다는 듯 눈을 크게 뜨는군요. 네, 틀렸네요. 큰박쥐아목 박쥐는 모두 과일이나 꿀, 꽃가루를 먹고 사는 초식입니다. 작은박쥐아목이 육식성이고요. 물론 작은박쥐아목에 속하는 당신의 거의 대부분은 곤충을 먹을 뿐 피를 먹지 않아요. 흡혈박쥐는 오직 남미에만 사는 극히 일부의 박쥐(세 종)뿐이며, 그나마 사람이 아닌 가축

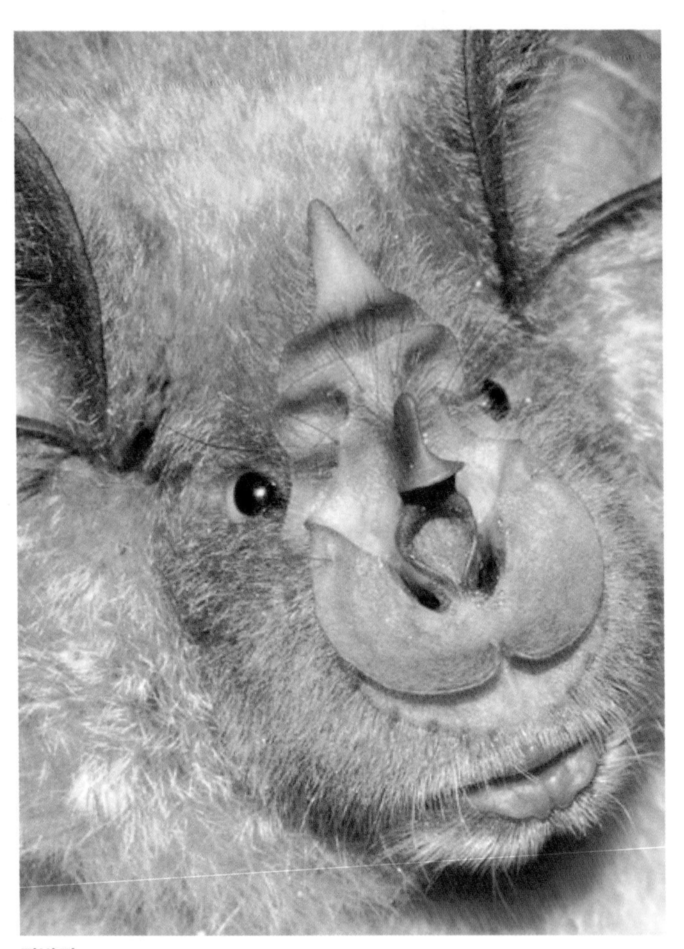

관박쥐

의 피를 먹습니다. 서양의 뱀파이어 전설과는 아무 관계가 없고(남미의 흡혈박쥐가 어떻게 유럽의 전설이 됐겠어요), 사람에게 해를 끼치지도 않아요. 그리고 무엇보다, 상식적으로 당신의 그 작은 덩치로 사람에게 어떻게 달려들 수 있겠어요.

이제 저는 세 번째 당신과 만납니다. 뱀파이어 같은 외양에 당당한 풍채, 드디어 박쥐다운 박쥐를 만나는 걸까요. 당신의 이름은 관박쥐. 이름도 왠지 관 속에 누워 있는 뱀파이어가 떠올라 으스스합니다. 하지만 착각입니다. 영어로는 '큰 말편자 박쥐'라고 합니다. 코 부분의 모양이 말 편자를 닮았거든요. 당신은 우리나라에서 발견되는 박쥐 중에서는 덩치가 큰 편입니다. 길이는 6.5cm 정도로 차이가 별로 안 나지만, 무게가 18~20g으로 작은 종의 거의 두 배랍니다. 동면 직전에는 22~24g까지 나가요. 물론 그래봤자 두툼하게 만 김밥이나 초밥 한 덩이 무게 정도일테지만요.

당신은 비교적 깊숙한 동굴에서야 겨우 만날 수 있었습니다. 온도가 8~10°C가 되는 곳에서 잠을 자니 당연하겠지요. 당신은 우리나라에서 가장 쉽게 만날 수 있는 박쥐고, 사는 곳도 제주도부터 강원도까지 드넓습니다. 그래서 연구자들 사이에서는, 탐사를 나갔다가 당신을 만나지 않으면 박쥐 탐사를 했다고 할 수 없을 정도라고 말하곤 한답니다.

날개부터 레이더까지 '첨단 포유류'

이제 두 번째 동굴로 갑니다. 이곳에서 만난 네 번째 당신은 검은집박쥐입니다. 겨울잠을 자지 않는 활동기에는 사람이 사는 집의 처마 밑에 살기 때문에 이런 이름이 붙었습니다. 사람들 중에는 가끔 "저녁에 동네를 나는 박쥐를 본 적이 있다"는 말을 하곤 합니다. 이렇게 목격한 박쥐의 상당수는 집박쥐 또는 검은집박쥐일 가능성이 높습니다. 해가 질 때 가장 먼저 먹이 사냥에 나서는 종이기 때문이랍니다.

집박쥐는 다른 종과 조금 다른 특징이 있습니다. 새끼를 많이 낳는다는 점입니다. 원래 대부분의 박쥐는 1년에 단 한 마리의 새끼를 낳습니다. 상당히 적게 낳는 편이지요. 하지만 집박쥐만은 한 번에 3~4마리씩으로, 다른 종보다 월등히 많이 낳습니다.

원래 박쥐가 새끼를 적게 낳는 것은, 박쥐 특유의 번식 전략 때문입니다. 동면을 해야 하는 온대지방의 박쥐는 활동을 할 수 있는 시기가 짧습니다(예를 들어 붉은박쥐는 연중 거의 3분의 2를 잠을 자면서 보낸다고 했죠). 그러니 번식 성공률을 최대화하기 위해서 (잡아먹히는 등 위험에 노출될 확률이 높은) 새끼를 되도록 적게 낳고, 대신 생존율을 높이는 전략을

검은집박쥐

선택했습니다. 어른 박쥐[성체] 역시 생존율이 높습니다(겨우내 동굴에 숨어 잠만 자는데 천적에게 먹힐 일이 없지요). 수명은 설치류의 3배(12~17년)에 이릅니다. 당신은 생존을 위해 최적화된 경쟁력을 갖고 있다고 할 수 있겠네요.

게다가 당신은 포유류계에서도 알아주는 첨단 능력을 지닌 동물입니다. 우선 유일하게 하늘을 납니다. 날다람쥐처럼 바람을 타고 내려오는 '활강'이 아니라 날개짓을 통해 하늘로 치솟아 오르는 진정한 '비행'을 합니다. 더구나 어둠에 적응해 레이더 능력(반향정위, 사물에 반사된 소리를 인식해 눈으로 보지 않고도 위치를 알아내는 능력)을 발달시켰습니다. 입으로 주파수가 수십~200kHz에 달하는 초음파를 1초에 10~200회 빈도로 발사한 뒤, 반사된 음파를 감지합니다. 초음파만으로 나방 같은 작은 곤충까지 사냥하는 모습은 경이롭기까지 합니다.

한때 과학자들은 당신의 두 가지 대표 능력 중 어떤 것이 먼저 생겼을까 논쟁을 했습니다. 그도 그럴 것이 당신의 조상 화석들은 지금의 당신 모습과 별 차이가 없었거든요. 날개나 초음파를 내는 구조 둘 중 하나가 없는 화석이 나와야 어느 것이 먼저 나타났는지 알 수 있을 텐데, 무려 5250만 년 전 화석까지 거슬러 가도 지금의 당신과 다른 점이 없었거든요. 세상에! 당신은 '살아있는 화석'이었던 셈이에요.

논쟁은 2008년, 새로운 화석을 분석한 연구 결과가 나오며 일단락됐습니다. 그 해 2월 과학 학술지 <네이처>의 표지를 장식한 당신의 조상 '오니코닉테리스 핀네이*Onychonycteris finneyi*'의 골격 화석은, 지금의 박쥐와 거의 비슷한 날개막 골격 구조를 지니고 있었습니다(뒷발이 좀더 크다는 차이는 있었습니다). 그런데 중요한 차이가 발견됐습니다. 두개골의 구조를 분석한 결과, 초음파는 내지 못했다는 사실이 밝혀졌거든요. 초음파를 내고 반사음을 받아들이려면 그 역할을 담당할 기관이 머리에 있어야 하고, 기관의 흔적이 두개골에 남아 있어야 합니다. 하지만 이 화석에서는 그 흔적을 발견할 수 없었습니다. 그래서 과학자들은 알게 됐습니다. 최초의 당신은 먼저 하늘을 날았고 초음파는 내지 못했다고요. 당신이 초음파를 내게 된 것은 좀 더 시간이 지난 뒤였다고요.

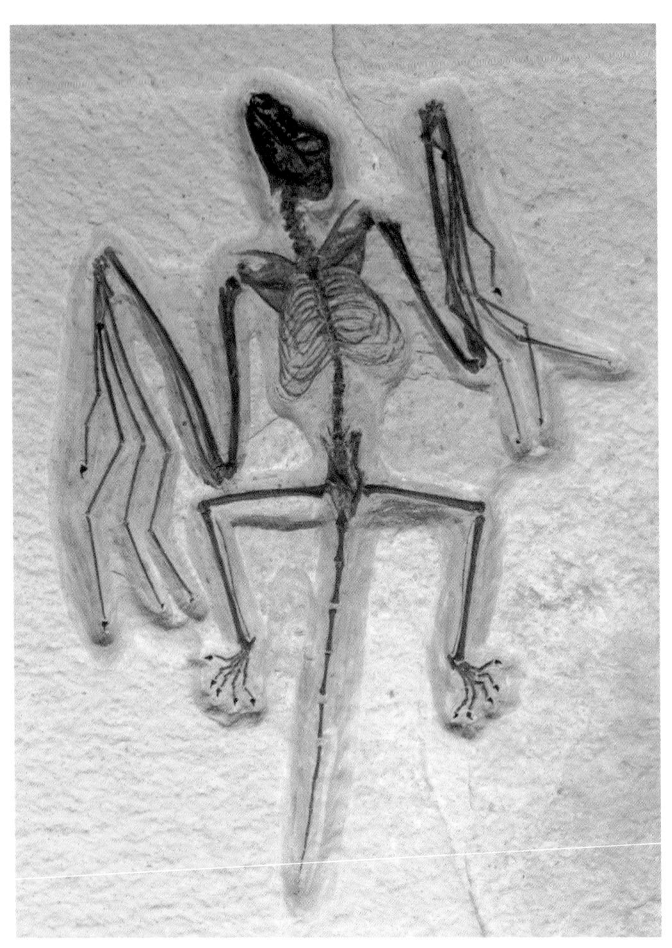

오니코닉테리스 핀네이

아마 당신은 초창기에, 포유류 가운데 유일하게 비행 능력을 갖게 해 준 날개막을 이용해 경쟁자인 설치류나 식충류를 따돌렸을 것입니다. 그래서 마음 놓고 허공의 곤충이나 과일을 먹었겠지요. 하지만 그러자니 허공을 미로처럼 수놓은 나뭇가지나 잎 등 숲의 장애물이 거슬렸을 것입니다. 또는 다른 동물을 피해 안착한 동굴의 어둠이 부담스럽기도 했을 테구요. 그래서 활동기에는 숲의 지형을, 겨울잠 시기에는 동굴의 지형을 파악하려고 점차 초음파를 사용하는 능력을 진화시켰을 것입니다.[4]

초음파는 종에 따라 다른 형태로 진화했습니다. 2013년 1월 네이처에 실린 덴마크 연구팀은, 당신 가운데 몸집 크기가 작은 종일수록 초음파의 주파수가 높다는 사실을 발견했습니다. 작은 박쥐들은 당연히 입의 크기도 작았는데, 그 결과 음이 한 곳에 모이지 못하고 사방으로 퍼졌습니다. 음이 퍼지면 쉽게 말해 음이 희미해지는 것이기 때문에 당연히 레이더 기능은 약해질 수밖에 없습니다. 그래서 작은 박쥐들은 대신 음의 주파수를 높여서, 음 에너지를 집중하는 방식을 진화시켰습니다. 연구팀은 또 동굴과 같은 '닫힌' 곳에 있을 때가 숲 같은 '열린' 곳에 있을 때보다 주파수가 높다는 사실도 발견했습니다. 이것은 숲과 동굴 사이의 환경 차이 때문이었습니다. 동굴은 숲과는 비교할 수 없을 만큼 어둡습니다. 빛이 없으니, 당연히 오로지 초음파에 의지해 지형을 파악해야 하죠. 이를 위해 더 정밀도를 높인 고주파 초음파를 사용한 것입니다.[5]

사라져가는 황금박쥐를 위하여

잠을 자던 박쥐 한 마리가 눈을 번쩍 떴습니다! 다섯 번째 당신, 토끼박쥐입니다. 이름처럼 귀가 긴 당신은 다른 동굴성 박쥐에 비해 비교적 일찍 겨울잠을 깨는 종입니다. 그러니 3월 중순이 채 안 된 때에 벌써 활동을 시작한 것입니다. 이름처럼 귀가 긴 당신은, 다른 동굴 박쥐에 비해 눈이 조금 큽니다. 그래 봤자 얼굴 전체에 비해서는 작지만요. 당신은 그 눈을 휘둥그래 뜨고 저를 쳐다보는군요. 놀라지 마세요. 그저 당신을 만나러 왔을 뿐이에요. 펄럭이는 날갯짓과 함께 당신이 사라집니다. 당신의 날개는 얇은 막으로 가벼운데다 몸도 작기 때문에 새보다는 곤충처럼 날렵하게 날 수 있습니다. 올해 첫 날갯짓이 힘차기를 바라 봅니다.

당신은 환경부가 정한 멸종위기 야생동물 2급이라 좀체

볼 수 없는데, 제가 오늘 운이 좋았나 봅니다. 그래도 제가 들른 동굴 두 곳 중 한 곳에서는 만나지 못했던 게 마음에 걸립니다. 예년에 비해 개체수가 줄어든 게 아니길 빌 수밖에요.

이제 마지막으로, 제가 동굴에서 만나지 못한 당신, 일명 '황금박쥐'라고 불리는 붉은박쥐에게 편지를 씁니다. 우리나라에서 1970년대부터 30년 이상 박쥐 연구를 해 온 손성원 전 경남대 생명과학부 교수는, 박쥐의 개체수가 70년대에 비해 80~90년대에 반으로 줄었다고 말합니다. 이 중에는 우리나라 멸종위기 야생동물 1급으로 지정돼 있는 붉은박쥐, 당신도 포함돼 있지요. 더구나 80년대 이후로는 이 박쥐가 10여 마리씩 무리를 지어 집단으로 자고 있는 상태로 발견된다고 합니다. 보통은 1개체씩 떨어져 자는 종인데 말이에요. 손 교수는 서식지가 많이 파괴돼 한 곳에 밀집한 탓이라고 해석합니다. 멸종위기에 몰린 종의 특성이지요(물론, 그저 그 동굴이 다른 곳보다 추워서 밀집해 있다는 다른 해석도 있습니다).

요즘 미국에서는 2006년부터 몇 년째 흰코증후군WNS이라는 박쥐 병이 대유행입니다. 호냉성(찬 곳을 좋아하는 성질) 곰팡이균에 감염돼 걸리는데, 코에 하얗게 곰팡이가 피고 체온이 올라가는 게 주요 증세입니다. 말씀 드렸듯 겨울잠을 자는 당신은 체온이 일정해야 몸을 보호할 수 있어요.

그런데 먹을 것도 없고 추운 한겨울에 갑자기 체온이 오르니 에너지 소모가 늘고, 당신은 그대로 죽을 수밖에요. 일부 종은 그 지역에서 거의 멸종에 이를 정도로 피해가 심각합니다. 2013년 미국 CBS 보도에 따르면 미국 내 22개 주와 캐나다 5개 주에 이 병이 퍼져 있으며 45개 종 가운데 7개 종이 이로 인해 큰 위협에 빠져 있다고 합니다. 2014년에는 주로 암컷들이 이 병에 잘 걸린다는 사실이 추가로 밝혀지기도 했어요. 박쥐의 암컷은 주로 먼 거리를 이동하지 않고 태어난 지역에 머무르고 대신 수컷이 멀리 이주하는 경향이 있다는데, 어떻게 이렇게 급속하게 병이 퍼질 수 있는지 불가사의하기만 합니다.[6]

하늘에서 많은 수의 박쥐가 떨어지는 기이한 사태도 있었어요. 호주 북동부에서 지난 2014년 1월에 일어났던 일이죠. 하늘에서 10만 마리나 되는 박쥐가 우수수 떨어졌습니다. 원인은 남반구를 덮친 기록적인 이상고온 현상이었습니다. 미국 등이 한파로 고통받고 있을 때, 반대로 여름이던 남반구에서는 더위가 심각했습니다. 그런데 박쥐들이 그 더위를 견디지 못하고 한꺼번에 무수히 죽어나간 거죠.[7] <매그놀리아>라는 영화 보셨나요. 하늘에서 개구리 비가 내리는 장면이 유명하죠. 그 장면이 떠오르는 사건입니다. 소설가

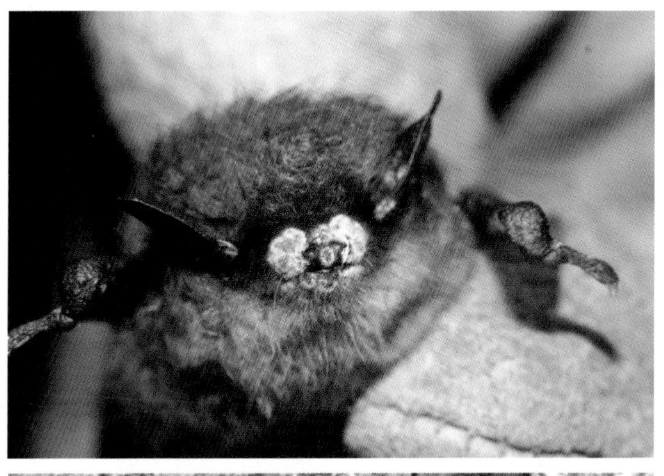

흰코증후군(WNS, 위), 호주 박쥐 떼죽음(아래)

조해진 씨의 단편 <새의 종말>에는 죽은 새가 하늘에서 픽픽 떨어지는 모습이 말세의 느낌과 함께 묘사됩니다. 이 단편소설이 영향을 받았을지는 모르겠지만, 유명한 환경운동가이자 과학자인 레이첼 카슨의 《침묵의 봄》의 눈물겨운 첫 대목도 새가 모두 사라져 노래하지 않는, 그래서 꽃은 피어 화려한 색의 잔치가 열렸지만 소리는 사라져 버린 봄의 풍경입니다. 찬란하고 아름다운 식물의 왕국에 동물이 하나도 없다고 해보세요. 그곳은 밝고 아름다운 지옥에 다름 아닐 것입니다.

기묘한 초현실주의 같은 풍경은 김경주 시인의 시에도 등장합니다. '새 떼를 쓸다'라는 시의 마지막 행은 "나는 떨어진 새 떼를 쓸었다"는 말로 마무리됩니다.

찬물에 종아리를 씻는 소리처럼 새 떼가
날아오른다

새 떼의 종아리에는 능선이 걸려 있다
새 떼의 종아리에는 찔레꽃이 피어 있다

새 떼가 내 몸을 통과할 때까지

구름은 살냄새를 흘린다
그것도 지나가는 새 떼의 일이라고 믿으니

구름이 내려와 골짜기의 물을 마신다

나는 떨어진 새 떼를 쓸었다

– 김경주, '새 떼를 쓸다' 전문

종아리를 씻는, 땅 위에 두 발 붙이고 살 수밖에 없는 존재에게 일순간의 청량감을 주는 행위와 새 떼가 중력을 박차고 날아오르는 장면이 오버랩됩니다. 하지만 그 새 떼의 발에는 산의 능선이 걸려 있고 지상의 아름다움이 그림자처럼 붙어 피어 있습니다. 새 떼가 나를 어디론가 데려가기를 기원해 보지만, 오히려 하늘의 구름에서 지상에 매인 존재의 체취를 맡고 맙니다. 구름은 지상으로 강림하고, 지상의 존재가 눈을 떴을 때는, 자신을 하늘로 데려가길 바랐던 구원의 존재는 바닥에 우수수 떨어진 상태입니다. '날개 잃은 천사'란 이런 것일까요.

하늘을 나는 동물이 하늘에서 사라지고, 하늘을 가득 채우던 소리가 허공의 침묵으로 바뀌는 일은 그 어떤 흉포한 재앙의 경고음보다 더 불길하고 불온합니다. 그런데 하늘에서, 새는 아니지만 박쥐가 떨어지는 일이 진짜로 있었다니, 영화보다 더 영화 같고 소설이나 시보다 더 문학적인 일이 현실에는 많은가 봅니다.

최근 친환경 재생에너지로 각광받고 있는 풍력발전도 당

신에게 큰 위협이 되고 있습니다. 북미 전역에서 풍력발전소 아래에서 박쥐 사체가 많이 발견되는데, 그에 대해 체계적으로 조사해 통계를 낸 연구 결과가 나왔어요. 미국 콜로라도대 마크 헤이즈 박사는 2012년 한 해 동안 미국에서 풍력발전소 때문에 죽은 박쥐가 60만 마리나 되며 이들이 주로 풍력발전기 날개에 맞아 죽었다는 사실을 밝혔지요. 2013년 <생명과학>지에 발표한 연구입니다. 60만 마리도 최소한으로 잡은 수치라고 하니, 실제로는 훨씬 더 많은 수가 희생됐을 가능성도 있겠죠.[8]

바다 건너 영국에서는 수의학자들이 이유를 추정하고 나섰습니다. 영국에서도 풍력발전기에 의해 죽은 박쥐가 많이 발견되는데, 이유가 바람에 의한 압력일 가능성이 높다고 합니다. 선풍기 앞에 서면 불어오는 바람의 압력이 느껴지잖아요? 거대한 풍력발전기 앞에서는 압력이 훨씬 강한데, 박쥐가 바로 이 압력 때문에 장기가 파열돼 죽었다는 것입니다. 영국 일간 <텔레그래프>의 2013년 보도에 따르면 겉모습은 멀쩡하지만 귀나 폐 등에 상처를 입은 박쥐가 많이 발견됐다고 합니다. 죽은 박쥐를 진찰한 수의사들이 한 말이니, 압력이 '박쥐 떼죽음'의 원인일 가능성이 높습니다.[9]

풍력발전이 지구를 구할 구원투수로 각광받는다고 알고

있던 사람들에게는 충격적이겠지만, 사실 대형 발전시설이 그 지역에 살던 동물에게는 재앙이 되는 사례가 심심치 않게 있습니다. 서해안에 지으려는 거대한 조력 발전소가 잔점박이물범과 같은 포유류에게는 재앙이 될 것이라는 우려가 대표적입니다. 조력발전소는 분명 자연의 힘을 이용해 전력을 생산하는 재생에너지입니다. 하지만 거대한 구조물을 건설해야 해 토목공사를 피할 수 없고, 한 곳에서 다량의 전기를 생산해 다른 여러 곳으로 나눠 보내는 '집중형' 발전이라는 단점이 있습니다. 이런 문제도 부작용이 감내할 만한 수준이라면 받아들일 수 있겠지만, 바다를 막고 거기에 수차[터빈]를 설치해 연안과 먼 바다 사이를 가로막고, 바다 생물의 터전을 빼앗는다는 문제는 달리 피할 방법이 없습니다.

삶의 터전을 대체하는 일이 어디 쉽던가요. 기후 변화를 해결할 강력한 구원투수로 각광 받는 재생에너지지만, 예상치 못했던 곳에서 피해를 입는 약자는 늘 있게 마련입니다. 그게 사람이 아니라는 이유로 무시하기에는, 자연의 상처가 너무 커 보입니다. 당신의 안타까운 희생은 자연과 생태계를 가늠할 절대적인 선과 악은 없으며, 이를 데 없이 복잡하고 심오한 세계라는 사실을 알려주는 것 같습니다.

당신을 만나러 가는 길이 온전하기를

이상 고온이나 한파 현상은, 넓은 의미에서 기후변화에 따른 요동일 가능성이 있습니다. 기후변화는 흔히 '지구온난화'라고 불리고, 이산화탄소로 대표되는 온실가스 때문에 기온이 올라가는 현상으로 묘사됩니다. 그래서인지 단순히 지구가 더워지는 현상으로 널리 알려져 있습니다. 온대기후였던 한반도가 아열대 기후로 바뀐다는 이야기도 이런 인식에서 나오는 것이지요. 하지만 사실은 그 이상의 의미가 있습니다. 이상 고온 현상과 함께 기후가 요동을 치는 현상도 나타나니까요. 갑작스러운 폭우나 가뭄, 태풍이나 사이클론과 같은 파괴적인 기상현상의 증가, 심지어 이상 한파까지 모두 균형이 무너진 기후가 보이는 이상 현상입니다. 말 그대로 '기후변화'는 총체적인 현상이지요.

그러니 '날씨가 조금 추우면 옷 따뜻하게 입고 난방 따뜻하게 하면 되지', '더우면 에어컨 켜면 되지' 이렇게 쉽게 생각할 문제는 아닙니다. 몇 도 정도의 기온 변화, 한두 차례의 폭풍 등 갑작스러운 환경 변화에, 인류는 물론 대처할 수도 있어요. 하지만 그런 변화에 대처할 수 없는 취약한 생물, 사람은 분명히 존재합니다. 생태계의 약자, 인간 세계로 치면 사회의 약자들입니다. 혹한과 혹서에 세상을 가장 먼저 뜨는 건 노인 아니면 건강을 돌볼 여력이 없는 가난한 사람들입니다. 폭풍이 빈번해지면 피해가 커지는 것은 제대로 된 대피 시설이 없고 주거 환경이 열악한 제3세계 국가들의 주민들입니다.

마찬가지로 생물의 세계에서도 가장 먼저 예민하게 기후변화를 느끼는 '약자'에 해당하는 동물이 있습니다. 박쥐, 당신은 그 중 하나입니다. 물론 평소 동굴에 숨어 있거나 야밤에 돌아다녔기 때문에 눈에 잘 띄지 않았고, 그래서 존재를 잘 몰랐기에 혹은 관심이 없었기에, 하늘에서 우수수 떨어지는 급작스러운 등장이 더 충격적이었을 뿐이지요.

혹자는 미운 마음에, 당신 따위 죽어도 그만이라고 생각할지도 모르겠습니다. 하지만 그건 착각입니다. 당신은 생태계에 중요한 역할을 합니다. 작은 박쥐 하나가 하룻밤에 먹을 수 있는 해충의 수는 3000마리 이상입니다. 미국산림청은 2009년, 흰코증후군 때문에 박쥐가 줄면 110만kg에 달하는 해충이 활개를 칠 거라고 예측할 정도였어요.[10] 농사고 생활이고 엉망이 되겠죠. 뿐만 아닙니다. 과일과 꽃가루를 먹는 큰박쥐아목 박쥐들은 꽃가루를 옮겨줍니다. 벌처럼 식물 생태계를 연결시키고 농업을 돕는 역할을 하죠. 박쥐가 사라지면 열대 생태계 전체가 혼란에 빠질지도 모릅니다.

다행히 우리나라는 아직 흰코증후군을 일으키는 곰팡이 병이 돌지 않았습니다. 하지만 개체수가 줄고 서식지가 파괴되고 있는 건 분명합니다. 붉은박쥐 등이 자연동굴 대신 살고 있는 폐광조차, 광산폐수가 흘러나오거나 위험하다는 이유로 하나하나 메워지고 있는 실정입니다. 당신은 이제 어디로 가야 하나요.

당신을 보호하려면 우선 체계적인 개체수 조사부터 해야 합니다. 그나마 30여 년간 전국 방방곡곡의 동굴과 폐광을 돌아다니며 조사를 한 손 교수와, 최근 조사를 하고 있는 김 박사 같은 연구자 덕분에 기틀이 많이 다져졌습니다. 하지만 아직 갈 길이 천리길입니다. 더 많은 연구자와 동물과 생태계에 애정과 관심을 가진 사람들이 조사와 보호에 나서야 합니다. 아직 우리는 전체 박쥐들의 생태는 물론 개체수도 정확히 모르는 실정입니다.

당신을 이해하고 가까이에서 만나려는 사람이 더 늘어나, 체계적인 연구와 보호가 가능해지길 기대하며 동굴을 나섭니다. 제 귀갓길을 염려하는 당신에게 시 한 수로 화답합니다. 당신과 자연에게 가는 길이 멀지 않고, 당신과 자연과 내가 다 하나라는 시입니다. 당신을 만나고 지켜주는 일은 고단함도 잊게 한다는 고백입니다.

그대 만나러 가는 길
내가 만나 논 것들 모두 그대였습니다

내 고단함을 염려하는 그대 목소리 듣습니다
나, 괜찮습니다
그대여, 나 괜찮습니다

– 김선우, '사랑의 빗물 환하여 나 괜찮습니다' 부분[11]

박쥐가 꿀벌에게

세상에는 양면이 있습니다. 어둠이 있고 밝음이 있습니다. 음과 양이 있고, 암컷과 수컷이 있으며 밤이 있고 낮이 있습니다. 컴컴한 동굴이 있고 화사한 꽃밭이 있습니다. 그리고 같은 일을 하지만 많이 다른, 여러 면에서 공통점이라고는 전혀 없어 보이는 두 가지 동물이 있습니다. 똑같이 꽃을 사랑하고, 꽃 사이의 애타는 '짝 찾기'를 완성시켜주는 사랑의 전도사임에도, 사람에게 주는 느낌은 퍽 다른 두 동물. 박쥐와 벌, 바로 우리들입니다.

안녕하세요 꿀벌 씨. 박쥐입니다. 당신과는 일터에서 종종 마주쳤어요. 기억하시나요. 노랗고 까만 줄무늬가 예쁜 귀여운 옷과는 어울리지 않게, 당신은 성격만은 몹시 사나웠지요. 그 서슬이 무서워 제가 통 말을 걸지 못했네요. 곁에서 눈인사만 하다가, 이렇게 뒤늦게 조심스러운 편지를 씁니다.

저는 얼마 전 사람에게서 뜻밖의 편지를 한 통 받고 눈이 퉁퉁 붇도록 울었어요. 사람은 우리가 사는 폐광을 막고 동굴을 훼손하는, 그래서 우리 살 곳을 없애는 미운 존재인 줄로만 알았어요. 그런데 편지를 받고 사람들 중에서도 나름 우리를 알고 보호하기 위해 애쓰는 이들이 있다는 사실을 알게 됐답니다. 조금은 위로가 되더군요. 물론 그럼에도 여전히 대다수의 사람들은 우리 박쥐를 미워하고 있다는 사실에는 변함이 없지만요. 누군가의 머릿속에 박혀 있는 어떤 대상의 이미지나 가치를 뒤집는 일은 참 어렵다는 생각이 드네요. 아직까지 그들에게, 저는 그저 흡혈귀처럼 못생기고 더러우며 불길한 존재입니다. 먼 미래 언젠가, 제가 이미지를 바꿔서 사람들에게 사랑받는 날이 올까요. 어디까지나 먼 미래의 희망사항에 불과하지만요.

이런 희망 측면에서만큼은, 그래도 당신이 저보다는 조금 나은 입장이라는 생각이 들어요. 우선 당신네 꿀벌은 예쁘지요. 노랗고 까만 줄무늬가 선명한 몸으로 붕붕거리며 꽃 사이를 날아다닙니다. 그 모습이 제가 보기에도 퍽 귀여워요. 작은 발을 꼼지락거리며 움직이면서 부지런히 몸에 꽃가루를 묻히는 모습은 앙증맞습니다. 물론 당신의 진짜 목적은 꽃 자체가 아니라 꽃에 있는 꿀이지만요. 꽃꿀을 빠는 과정에서 묻힌 수술의 꽃가루가 다른 개체의 암술에 묻고 덕분에 식물이 수분해 번식할 수 있다니 기특하지요. 아, 물론 그 역할은 저 역시 똑같이 한답니다. 다만 저는 박쥐라서 사람들에게 귀엽다는 소리를 못 듣는 것뿐이지요. 저도 알고 보면 나름 귀여운데… 뭔가 의기소침해지네요.

…

그래도 저요, 힘을 내서 편지를 마무리짓기로 했어요. 꿀벌 씨, 언뜻 화려해 보이지만 사실은 당신의 사정이 저보다 더 나쁘면 나빴지 결코 좋지 않다는 사실을 알고 있거든요. 세계 곳곳에서 당신이 이유도 모른 채 급감하고 있는데다, 한국에서 당신의 친척인 토종벌(동양꿀벌)은 거의 멸종한 상태니까요.

제 손으로 자식을 내다 버려야 하는 슬픔

2011년 여름, 경남 함양에 있는 한 야산에서 동양꿀벌(일명 토종벌, 토봉)을 만났을 때가 생각납니다. 동양꿀벌은 꿀벌

속에 속하는 9개 꿀벌 종 중 하나로, 농가에서 많이 하는 '양봉'의 대상이 되는 꿀벌(서양꿀벌, 그러니까 당신)과는 친척 관계입니다.

함양 터미널에서 차를 타고 20분 정도 가야 하는 거리에 있던 야트막한 공터에 도착했습니다. 말이 공터지 숲 가운데에 나무가 좀 듬성듬성 나 있는 약간 트인 공간이었어요. 그곳에 직육면체 모양의 나무 벌통이 5개씩 두 줄, 모두 10통이 놓여 있었습니다. 주위에는 좀더 많은 벌통이 있었던 듯 벌통이 놓였던 자리가 흔적으로 남아 있었습니다. 그 흔적은 결코 평화롭지 못했습니다. 전란이라도 겪은 듯, 여기저기에 불에 탄 자국이 있었으니까요.

분위기만 전란의 통절한 느낌을 떠올리게 한 게 아니었습니다. 당신들이 내던 소리도 비통했습니다. 붕붕붕, 일벌들의 날개짓 소리가 요란했습니다. 분주하게 꽃꿀을 찾아다닐 때 내야 하는 소리임에도, 제 귀에는 온통 통곡 소리로 들렸습니다. 왜 그럴까, 몹시 의아해 오랫동안 지켜봤던 기억이 납니다. 가만 보니 일벌이 한 마리씩 벌집 속에서 잠자고 있던 하얀 애벌레를 끄집어내고 있었습니다. 서너 마리의 일벌이 동시에 달려들어 애벌레를 안은 뒤 하늘로 날아오르려고 하고 있더군요. 하지만 쉽지 않아 보였어요. 겨우 30cm

정도 떨어진 곳까지 날다 끌다를 반복하다, 당신은 결국 애벌레를 풀숲에 버려둔 채 다시 벌통으로 돌아왔습니다. 그리고 잠시 후 다시 또 한 마리의 애벌레를 끌고 모습을 드러냈습니다. '영차!' 한 데 힘을 모아 날아오르더니, 이번에는 1.5m 정도 떨어진 숲에 내다 버리는 데 성공했습니다. 애벌레를 먼 데 버린 데 성공한 당신은 다시 벌통으로 돌아왔습니다. 붕붕붕, 날갯짓 소리를 내면서요.

저는 그 순간의 날갯짓 소리를 잊을 수 없습니다. 그저 날개의 진동소리였는데, 마치 울음소리와 같이 슬펐습니다. 애지중지 키우던 애벌레를 제 손으로 내다 버리는 비통한 심정이 소리에서 전해왔습니다. 당신이 그렇게 극단적인 선택을 한 것은 바이러스성 유행병 때문이었죠. 2010년부터 전국을 휩쓸던 '낭충봉아부패병'이라는 전염병 때문에 동양꿀벌의 상당수가 집단 폐사했습니다. 당시 국립수의과학검역원이나 농촌진흥청의 발표에 따르면 전국 동양꿀벌 군집의 약 75~77%에 해당하는 31만 7000군 정도가 폐사했습니다. 한국토봉협회는 그보다 심각하다며 98%가 폐사했다고 주장했고요. 당시 전국에는 동양꿀벌을 키우던 농가가 3만 가구였는데, 대부분 양봉을 포기했다는 기사도 실렸습니다. 당시 제가 찾았던 함양의 농가는 손점암 한국토봉협회장이 직

'낭충봉아부패병'으로 불태워지는 벌통

접 양봉을 하던 곳이었어요. 30년 동안 매해 많게는 500통이나 되는 벌통을 키우곤 했는데, 2010년에는 모조리 폐사했고, 2011년에는 기대 없이 10통만 시험삼아 키우는 중이었다고 합니다. 제가 본 10통의 벌통이 바로 그것이었어요.

하지만 죽음의 그림자는 그 10통의 벌통에도 깊이 드리워져 있었습니다. 네 통은 이미 완전히 폐사된 상태였고, 두 통은 폐사 직전이었습니다. 남은 네 통이 그나마 괜찮은 편이었지만, 방금 묘사한 것처럼 일벌들이 애벌레들을 부지런히 내다버리기 시작했습니다. 병이 퍼지고 있다는 뜻이었어요. 벌은 병이 든 애벌레가 생기면 군집 전체가 폐사하는 것을 막기 위해 눈물을 머금고 새끼를 멀리 내다 버립니다. 그래야 조금이라도 병이 번지는 것을 막을 수 있을 테니까요.

하지만 이미 늦었습니다. 당시 벌통 하나에 사는 3만 마리의 벌 중 이미 2만 마리는 사라졌고, 겨우 3분의 1에 해당하는 1만 마리만 남아 있는 상태였답니다.

손 회장의 말에 따르면, 그런 일이 벌어지기 약 보름 전에 처음 낌새가 있었다고 합니다. 아카시아가 만발해(한국에서는 꿀벌이 가장 좋아하는 일터입니다) 일벌들이 한창 꿀과 꽃가루를 따러 갈 때인데, 통 나가질 않았다고 해요. 그래서 잘 보니, 일은 안 하고 애벌레를 내다 버리고 있었다고 합니다. 그렇게 보름이 갔습니다. 낭충봉아부패병은 치사율이 100%인 위협적인 감염병입니다. 손쓸 틈도 없이 애지중지하던 벌들이 죽어나가는 모습을, 손 회장은 지켜볼 수밖에 없었다고 합니다.

폐사 직전의 벌통을 열어 안을 들여다 봤습니다. 밀랍으로 된 벌집은 꿀이 차지 않아 푸석푸석해졌고 곰팡이가 하얗게 슬어 있었습니다. 사이사이에 미처 내다 버리지 못한 애벌레들은 집안에서 죽은 뒤 썩어 솜뭉치처럼 변해 있었습니다. 참혹했습니다. 만약 동굴에서 그런 감염병이 돌았다면, 겨울이 돼 잠에 한창 빠져 있던 우리 박쥐들이 손도 못 쓰고 죽었다면 바로 그런 식으로 죽었겠죠. 아, 저희에게는 흰코증후군이라는 병이 있지요. 저희에게 내려진, 동양꿀벌이 맞이한 것과 비슷한 형벌일까요.

아무튼 벌집은 거의 폐사해가는 상황이었는데, 여전히 극소수의 벌들이 남아 있었습니다. 나이가 많아 보이는 벌이었는데, 힘이 없는데도 여전히 일부 남은 애벌레들을 애써 끄집어내려고 애쓰고 있었습니다. 눈물이 핑 돌았습니다. 희망이 없는데도 마지막 남은 기운을 군집을 구하기 위해 쓰는 모습은 숭고해 보이기도 했습니다. 도움이 될 수 있다면 저도 뭐라든 해주고 싶은 심정이었습니다만, 박쥐인 제가 할 수 있는 게 뭐가 있었겠어요. 게다가 바이러스의 중간 숙주라고 사람들에게 따돌림이나 받는 저인데요….

상념에 빠져 있는 동안에도 붕붕붕, 일벌이 새끼를 끄집어내는 소리는 이어졌습니다. 멀리 날아가려다가 주저앉고, 다시 기운을 내 애벌레를 안고 숲으로 날아갔습니다. 돌아오는 일벌의 날개짓은 아카시아 꽃꿀을 가득 발견하고 기쁨에 겨워 추던 춤과는 전혀 다른 몸짓입니다. 몸짓에서 서글픈 울음소리가 들리는 것 같습니다. 저는 가만히, 날개막을 펼쳐 제 커다란 귀를 막았습니다. 그래도 벌들의 통곡 소리는 들려왔습니다.

이런 울음도 일주일이면 그칠 거라는 담담한 손 회장의 말에 고개를 떨궜습니다. 그 때가 되면, 오직 빈 벌통만이 당신이 살았던 사실을 증명해 줄 것이기 때문이었습니다. 당신의 통곡소리마저 그리워실 거라 생각하니, 당신이 처한 비극이 더욱 생생하게 다가왔습니다.

이유를 모르는 벌의 집단 실종 사건

제가 동양꿀벌의 벌통을 찾았을 때 일어났던 비극에는 명확하고 분명한 이유가 있습니다. 바이러스성 감염병이었으니까요. 다만 치사율이 100%에 달할 정도로 대책이 없다는 게 문제였지요. 하지만 서양에서는 좀 더 갑갑한 일이 벌어진 모양입니다. 이유를 모르는데 당신들이 사라져 버리는 현상이 여러 해째 반복되고 있거든요. '봉군붕괴현상CCD'이라고 불리는 기묘한 현상입니다. 이 현상은 2006년 11월 처음 보고됐습니다. 그런데 정말 이상합니다. 벌들이 죽는 것도 아니고, 어느날 갑자기 그냥 '사라집니다'. 마치 인기 소설가 무라카미 하루키의 소설에서 인물들이 어느 날 갑자기 온데간데없이, 밑도끝도없이 사라지는 것처럼요. 벌들은 벌집을 남겨 놓은 채, 마치 집단 가출이라도 하듯 사라집니다. 당신은 벌집에 애벌레를 키우고, 그 안에 꽃가루와 꿀을 저장하

벌통 지키는 벌들

면서 삽니다. 벌통을 건드리기라도 하면 온 벌들이 달려들어 벌집을 지킵니다. 장소에 대한 애정과 집착이 강합니다. 그런데 하룻밤 사이에 벌집을 버리고 사라지다니요. 이게 무슨 변괴인가요.

이 현상이 가장 많이 보고된 미국의 사례를 보면, CCD는 주로 겨울에 많이 일어난다고 합니다. 그런데 파급 속도가 엄청났어요. 발견된 다음 해(2007년) 6월까지, 겨우 7개월 사이에 35개 주로 퍼졌고, 이 사이에 전체 꿀벌의 3분의 1이 사라졌어요. 이런 경향은 계속 비슷하게 지속돼 매년 30% 전후의 벌들이 사라졌습니다. 같은 현상이 캐나다 등

이웃 나라는 물론, 멀리 유럽과 아시아(대만)에서도 나타났습니다.[1]

기이한 이유가 하나 더 있습니다. 앞서 말했듯, 원인을 모른다는 사실입니다. 처음엔 동양꿀벌처럼 바이러스를 의심했습니다. 하지만 그렇다면 벌이 죽어야 하는데, 죽지 않고 사라지니 아닌 것 같습니다. 더구나 동양꿀벌을 궤멸 상태로 몰아넣은 낭충봉아부패병은 당신들 서양꿀벌에게는 그리 치명적이지 않습니다. 과학자들은 대신 '꿀벌응애'와 '기문응애'라는 기생충을 찾아냈습니다. 둘은 각각 당신의 몸 외부와 숨구멍에 기생하는 기생충입니다. 이 중 꿀벌응애는 체액을 빨아먹는 기생충인데, 몸 크기가 약 1.5mm 정도로 꿀벌의 크기를 생각하면 꽤 큽니다. CCD 전문가로 꼽히는 미국의 곤충학자 메이 베렌바움 일리노이대 교수는 미국의 과학잡지와 한 인터뷰에서 "사람으로 치면 몸에 바닷가재랍스터가 달라붙어 피를 빨아먹는 셈"이라고 비유했을 정도입니다. 몸에 그렇게 큰 기생충이 산다고 상상해 보니, 썩 유쾌하지는 않네요.[2]

두 기생충은 1980년대에 몇 차례 크게 유행해 미국에 사는 당신들에게 타격을 입힌 전례가 있습니다. 특히 꿀벌응애는 여왕벌의 생식력도 떨어뜨려서 번식을 방해하기 때문에,

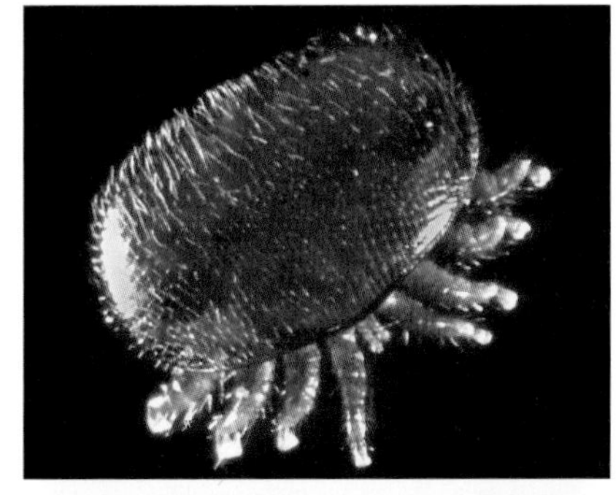
꿀벌응애

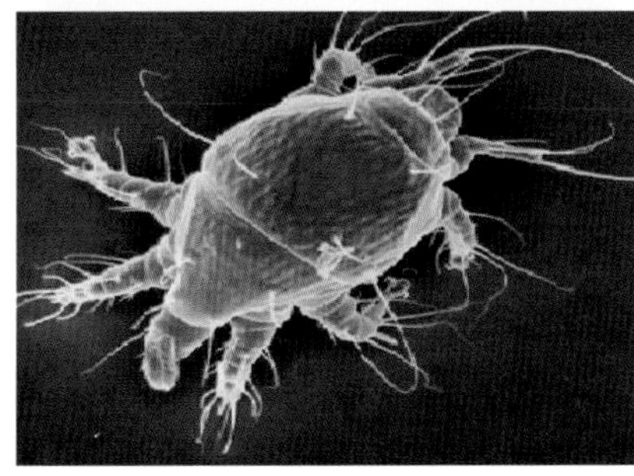
기문응애

봉군을 빠르면 반년, 길어도 2년 정도면 붕괴시킬 수 있습니다. 따라서 CCD를 일으키는 아주 유력한 원인일 수 있습니다만, 이것만으로 모든 CCD가 설명되는 것은 아닙니다.

과학자들은 그밖에 농약의 영향, 기후변화의 피해, 휴대전화 전자파에 의한 교란 등을 꼽기도 합니다.[3] 하지만 농약이라면 다른 곤충에게는 피해가 없는 이유를 설명할 수 없고, 기후변화 역시 유독 당신에게만 피해가 나타나는 까닭을 설명하지 못합니다. 전자파에 대해서는 산발적으로 과학 연구 결과가 발표되고 있기는 하지만, 아직 뚜렷하지는 않습니다. 그래서일까요, 최근에는 원인을 밝히려는 노력보다는, CCD라는 현상 자체를 그대로 받아들이고 대신 대책에 집중하는 게 좋다는 의견이 나오고 있습니다. 2011년 5월 <네이처>에 실린 미국 농무부 양봉연구소의 제이 에반스 박사의 인터뷰가 그런 예지요. 에반스 박사는 인터뷰에서 "이제 문제는 벌이 왜 아픈가가 아니라 어떻게 살리느냐"라고 말했는데, 미국에서 CCD에 대처하는 방식에 변화가 일 것을 시사하는 메시지였지요. 아마 당신도, 집나간 당신의 미국 동료의 사연을 캐내기보다는 더이상 그런 일이 일어나지 않도록 해주길 바라고 있을 거예요.[4]

초개체, 가축, 꽃식물 지킴이 – 꿀벌의 특이한 운명

이런, 편지가 너무 우울해졌군요. 우리, 죽음에 대한 이야기는 잠시 접어 두기로 해요. 살 날만을 이야기하기에도 환경은 척박하고 자연은 매서우며, 우리 삶은 충분히 힘들잖아요.

당신은 참 독특하고 매력적인 동물입니다. 당신은 '초개체superorganism'의 대표적인 동물입니다. 당신 한 마리 한 마리는 벌이라는 곤충 개체로서 존재합니다. 하지만 동시에, 다 같이 모여서 한 마리의 거대한 동물처럼 행동하기도 합니다. 마치 세포가 신체 기관에 따라 다른 모습으로 분화해 활동하는 것처럼요. 《경이로운 꿀벌의 세계》라는 책을 쓴 독일의 곤충학자 위르겐 타우츠는 당신에게서 척추동물, 그것도 포유동물의 특성을 발견할 수 있다고 주장합니다. 꿀벌 군집은 포유류처럼 자식을 많이 낳지 않습니다. 이런 말을 하면 당신은 '여왕벌이 하루에 많게는 3000개나 되는 알을 낳는데?'라며 반문할지 모릅니다. 하지만 생식 능력이 있는 '진짜 자식'인 여왕벌은 그 중 두세 마리 정도밖에 되지 않습니다. 나머지는 대부분 초개체를 유지하기 위해 봉사하는 일벌들이죠. 이들은 여왕벌과 유전자는 공유하지만, 대를 이을 능력이 없습니다.[5]

당신은 무척추동물이지만, 몸의 온도를 일정하게 유지합니다. 특히 애벌레가 있는 벌집 근처는 약 35도 정도를 유지하는 것으로 알려져 있습니다. 사람의 체온 36도와 비슷하지 않나요. 더구나 온도 유지를 위해 일벌들이 끊임없이 날개를 움직이면서 열을 발생시킨다니, 겨울잠을 자는 체온 유지의 달인 저 박쥐도 울고 갈 정도네요.

무엇보다 당신은 집단 지성을 통해 체계적인 의사 결정을 하고 복잡한 소통을 합니다. 이것은 단순히 정보를 전달한다는 의미를 넘어섭니다. 개체 하나하나가 수집한 정보를 체계적으로 비교하고 이를 바탕으로 다른 개체를 설득할 기반이 마련돼 있다는 뜻입니다. 토마스 실리의 《꿀벌의 민주주의》라는 책에는 그렇게 구성원의 내부 의견을 종합해 군집 전체가 특정 결정에 이르는 과정이 상세히 묘사돼 있습니다. 예를 들어 새로운 여왕벌이 장성해 일부 일벌을 데리고 떠나 독립된 군집을 꾸리게 될 때를 생각해 봅시다. 평소 주변을 돌아다니며 꽃을 채취하던 일벌들은 자신이 봐온 좋은 장소를 이야기하며 일종의 토론에 부칩니다. 서로 논의를 하는 과정에서 의견은 한 가지로 서서히 모이고, 일정 수준 이상의 개체로부터 동의를 얻으면 전격적으로 그 장소로 이사 및 독립을 하기로 결정합니다. 의사소통을 통해 자체적으로 민주적 의견 수렴을 하는 과정이 있는 것입니다.

이런 초개체로서의 특성은, 사람들로 하여금 당신을 '가축'으로 키우게 하기도 했습니다. 양봉이라는 제도가 바로 그것이지요. 비유가 아닙니다. 당신이 가축이라는 사실은 법적으로도 공인된 사실 입니다. 축산법시행규칙 제2조에는 당신이 오리, 당나귀, 개 등과 함께 당당히 가축으로 이름이 올라 있습니다. 봉독(벌침), 로얄젤리, 꽃가루 등 당신이 생산한 부산물도 다 '축산물'로 분류돼 있지요. 세상에 나비를 가축으로 키우는 사람은 없어요. 하지만 당신은 가축으로 키웁니다. 초개체기 때문에, 한 군집이 한 마리의 동물과도 비슷해서 키우는 게 훨씬 수월하기 때문에 가능한 일입니다.

양봉

사람들이 당신을 가축으로 키우는 목적은 다양합니다. 한국에서는 주로 부산물인 꿀을 얻으려고 키웁니다. 달걀 얻기 위해 닭을 키우는 것과 비슷하겠죠. 하지만 서양에서는 꿀은 부수입이고, 주로 농사를 지을 때 꽃가루받이를 시키기 위해 키웁니다. 속씨식물(꽃이 피며 밑씨가 씨방 안에 있는 식물. 흔히 말하는 꽃식물) 중에는 충매화(곤충이 꽃가루를 나르는 식물)가 많으며, 그중 상당수가 당신의 꽃가루받이에 의존하기 때문입니다. 전 세계의 속씨식물 가운데 약 20만 종이 충매화인데, 그 중 85% 정도(17만 종)가 당신의 도움을 받습니다. 당신이 없으면 아예 꽃가루받이를 못 하는 종도 20%(4만 종)나 됩니다. 딸기, 오이, 수박 등 사람이 키우는 세계 100대 작물 가운데 71%가 꿀벌 없이는 열매를 맺을 수 없습니다. 나비 등 다른 곤충도 있지만, 마치 빨대처럼 대롱으로 꿀을 빨아먹는 나비와, 온몸에 꽃가루를 가득 묻혀가며 꿀을 따는 꿀벌은 관여하는 꽃이 전혀 다르지요.

초개체와 가축으로서의 특성은, 당신을 힘든 운명에 처하게 합니다. 여느 가축과 마찬가지로 당신도 밀집사육을 겪고 있습니다. 벌통을 차곡차곡 쌓아놓고 키우는데, 사람으로 치면 초고층아파트에 꽉꽉 입주해 숨막히게 사는 것과 같지요. 특히 한국에서 심합니다. 미국에서는 드넓은 땅에 약 250만 봉군이 있습니다(2011년 기준). 하지만 같은 시기 한국에는 약 180만~200만 봉군이 있었습니다(동양꿀벌 포함).

문제는 당신의 활동 반경이 넓다는 사실입니다. 당신은 보통 500m에서 1km, 멀리는 20km까지 꿀을 모으러 다닙니다. 한 번에 약 0.02~0.06g의 꽃꿀을 나를 수 있으며, 이렇게 해서 꿀 주머니가 가득 차면 벌통으로 돌아와 쏟아놓습니다. 농촌진흥청 자료에 따르면, 당신은 하루에 이런 과정을 약 40~50회 반복한다는군요. 당신이 약 20번 정도 꿀을 나를 때 방문하는 꽃의 수는 8000송이에 달한다고 하니, 당신 한 마리에 꽃이 하루 평균 1만 6000송이 정도 필요하다는 계산이 나옵니다.

그런데 문제가 있습니다. 벌은 밀집사육으로 밀도가 아주 높아졌는데, 과연 한국에 이 정도의 꽃이 있을까요. 전문가들은 한국에는 꿀을 모을 수 있는 식물밀원식물이 부족한 편이라고 말합니다. 아카시아 나무가 대표적인데, 최근 들어 많이 사라졌거든요.

최근 양봉 농가에서는 꽃의 개화 시기에 맞춰서 벌통을 이동시키면서 꿀을 먹입니다. 매년 늦봄(5월 초)에 남부지방에서 시작해 조금씩 북쪽으로 벌통을 옮겨서, 대략 6월 중순이면 비무장지대 근처까지 이동합니다. 한국의 양봉 농가의 거의 절반은 이렇게 이동식 양봉을 합니다.

먹을 게 많은 곳만 골라 다니는 셈이니, 일견 나쁘지는 않아 보입니다. 하지만 이런 생활에도 단점이 있습니다. 매월 집을 이사한다고 생각해 보세요. 피곤하지 않겠어요?[6] 안 그래도 밀집생활 때문에 피곤한데 이사도 잦으니, 사람으로 치면 스트레스가 이만저만이 아니겠지요(무척추동물인 당신에게도 스트레스라는 생리 반응이 있는지는 저도 궁금하네요. 원래 스트레스는 야생의 초식 동물 등이 천적을 피해 달아날 수 있도록 위급한 순간에 몸의 탈출 능력을 급속도로 상승시키는 생리 반응입니다. 사람의 경우엔 사회 생활 과정에서 생존의 위협에 준하는 상황—이를테면 시험이나 상사의 꾸짖음, 과제의 압박—이 넘쳐, 이 반응이 지나치게 많이 나타나는 게 문제라고 하지요. 일종의 과잉대처라고 할까요. 뒤에 아프리카에서 보내는 다른 편지에서 아마 자세히 설명할 거예요). 베렌바움 교수도 "꿀벌은 예민하기 때문에 이동하는 과정에서 쇠약해질 것"이라고 말하기도 했습니다.

꿀벌계의 '인스턴트 식품'도 문제예요. 미국의 경우에는 부족한 꿀을 보충하기 전에 당신에게 액상과당(옥수수를 발효해 만든, 일종의 설탕물)을 먹이는 일이 흔합니다. 사람들은 소나 돼지 등을 키울 때 사료를 먹이는 일이 꽤 있는데, 당신이라고 예외는 아니에요. 그런데 문제는, 짐작하다시피 설탕물을 먹인 꿀벌이 과연 영양을 충분히 섭취하고 있느냐는 것입니다. 당연히 영양 불균형으로 쇠약해질 것을 예상할 수 있습니다. 이런저런 일들이 겹쳐서, 당신은 점점 쇠약해지고 있다는 게 전문가들의 추정입니다. 이래저래 당신은, 참으로 힘든 세상을 살고 있는 것 같습니다.[7]

근면함이
미덕이 아닌 시대에

요즘 당신의 이미지가 예전처럼 매력적이지 못하게 된 것 같다는 생각도 많이 듭니다. 외모의 매력이 떨어졌다는 뜻이 아니에요. 들꽃을 헤치고 다니며 부지런히 일하는 당신은 여전히 예쁘고 아름다워요. 화사한 꽃과 어울려 봄철 가장 근사한 풍경을 연출해 내지요. 다만 당신의 트레이드 마크인 '근면함'이, 인간 사회에서 예전만큼은 각광받지 못하고 있다는 생각이 들거든요. 물론 꿀벌 씨 당신 잘못은 아니에요.

꿀벌 씨도 요즘 인간 사회를 드나들면서 많이 느꼈을 거예요. 부지런하게 10년을 일해도 자신이 번 돈으로 집 한 채 사기 힘든 요즘 한국 사회를 보면, 꿀벌처럼 부지런하게 일하고 축적하는 일이 도대체 무슨 의미가 있을까 회의가 들기도 합니다. 어려서 성실하게 공부해도 비싼 사교육 없이는 일부 유력한 대학에 가기 힘든 세상, 그렇게 해서 악착같이 일류 대학에라도 가지 않으면 그나마 좋은 직장(적은 월급이나마 꼬박꼬박 나오고 정규직이면 요즘은 아주 좋은 직장이라죠)에 가기 힘든 세상이니까요. 비정규직 자리조차 취직을 하기 쉽지 않고, 직장에 가서도 뼈빠져라 일해봤자 재산을 모으기 힘들지요. 그나마 몇 년 일하지 않아 일찍 퇴사해야 할 위기에 빠지기도 하고, 요즘 젊은이들은 불안감에 연애나 결혼, 출산은 언감생심이라고 합니다.

이런 세상에서는 '근면하라, 그러면 잘 살게 될 것이다!'라는 말이 한갓 이데올로기에 불과하다는 자각이 저절로 고개를 치켜들 수밖에 없죠. '개미와 배짱이' 이야기에서 근면 성실한 개미의 인생을 택했다가는 평생 개미 허리 휘는 노동만 할 뿐, '건물주 아들' 배짱이보다 절대 잘 살 수 없다는 사실만 절실하게 깨달아 버리고 맙니다. 이런 세상에서 개미나 꿀벌의 근면함은 허무한 가치가 될 수밖에 없습니다. 근면한 개인이 자신의 삶을 책임질 수 없다는 허무함. 근면함이 가져올 성과에는 보이지 않는 낮은 천장이 있으리라는 부조리함. 노력할 이유도 동기도 사라져 버리는 세상. 이런 철학적 허무주의가 지배하는 사회는 불운하지만, 안타깝게도 지금의 한국 사회는 어느 정도 허무주의를 향해 나아가고 있는 것 같아요.

인류 문명을 가속화한 것은 '축적'이라는 게 다수의 의견입니다. 그리고 축적의 근원은 흔히 농업이 꼽히지요. 농업은 약 1만 1500년~1만 1700년 전, 서아시아 지역에서 처음 시작됐습니다. 야생 완두나 보리 같은 걸 심었는데, 정확히 어디가 최초로 농업이 발생한 곳인지는 모릅니다. 2013년 7

월 <사이언스>에 실린 고고학 기사에 따르면 이란 북서부, 시리아 북부, 요르단강 유역 등 주변에서 동시다발적으로 시작된 것 같습니다만, 아직 불확실하죠. 개를 제외한 가축화는 이보다 더 늦게 이뤄졌습니다. 대부분 1만 년 전 이내에 이뤄졌고, 장소도 서아시아 외에 대륙 다양한 곳에서 다발적으로 생겼습니다.[8]

아무튼 이렇게 해서 달성한 놀라운 농업 생산력은 곧 자원의 축적으로 이어졌습니다. 인류는 그 전까지 '배는 고프지만 그래도 근근히 살 수 있던' 수렵 채집 생활을 버리고, 막대한 자원을 생산해 배 두드리며 살 수 있게 하는 농업의 매력에 눈을 뜨게 됐습니다. 농업에 '올인'하면서 전례 없이 많이 생산할 수 있게 된 자원은, 자연히 일부 구성원에게 비대칭적으로 쏠리는 불균형 현상을 낳았습니다.

여기까지는 전통적인 견해입니다. 하지만 지난 2014년 5월 <사이언스>에 실린 기사는 이 견해에 의문을 표시합니다. 꼭 축적만이 문제는 아니라는 거죠. 2010년대 이후의 새로운 고고학 연구 결과를 보면, 수렵 채집 생활을 하던 사람들에게서도 불평등이 만연했다고 합니다. 일부 사람들이 먹을거리가 많이 몰린 지역에 다른 사람이 접근하지 못하도록 해서 먹을거리를 독차지하고(이들에게는 매년 새로 생겨나는 자연의 산물들이 화수분처럼 여겨졌겠지요!), 이를 통해 더 많은 자원을 축적하며 불평등을 조장했습니다. 이 가설에 따르면, 과거 인류의 역사 가운데 250만 년은 오직 불평등을 향한 역사일 수밖에 없습니다(그런데 이렇게 오래 전 인류의 조상에게 불평등이 있었다는 사실은 어떻게 알까요. 기사를 보면 집의 크기, 장지에 함께 묻은 부장품이나 장식물의 종류 등에 차이가 난다고 합니다. 예를 들어 부유층 상위 8% 안에 드는 사람의 무덤을 보면, 서울에서 부산 거리인 400km 밖에서나 구할 수 있는 귀한 조개 장식물을 머리에 두르고 있습니다. 바퀴도 발명되기 전인 그 옛날에 말이에요! 구하기 힘든 걸 두르며 신분과 부를 과시하는 건, 예나 지금이나 비슷한가 봅니다). 물론 농업이 시작되고 가축을 기르기 시작하면서 불평등함은 더 가속화됐습니다. 농업과 목축이 불평등의 주범 자리에서 물러나는 것은 아니에요. 하지만 오직 농업과 그로 인한 축적만이 불평등의 원인인 것은 아니라는 것, 더 오래 전부터 불평등의 싹은 텄다는 게 오늘날의 새로운 시각입니다.[9]

어느 쪽이든, 자원의 불평등한 배분은 곧 자원을 더 소유한 사람의 권력으로 연결됐습니다. 권력은 니체가 말한 것처럼 인류 역사의 다양한 국면을 추동하도록 한 단 하나의 숨은 동기였습니다. 니체의 표현에 따르면 '힘에의 의지'겠지요.

강력한 권력 상승 욕구는 다양한 역사 문명권에서 규정된 가치들(선과 악, 희생 등)의 숨은 얼굴이었습니다. 현실에서 힘에의 의지는, 또다른 힘에의 의지와 정면으로 충돌할 수밖에 없었습니다. 니체가 《차라투스트라는 이렇게 말했다》에서 비유한 세계 공통의 '선악의 표表'는 힘에의 의지를 의미하기 때문에, 맨 위로 오르려는 의지는 단 하나의 길만을 허용하고 있을 뿐입니다.[10] 한 쪽이 다른 쪽을 꺾어 통폐합할 때까지 충돌을 멈추지 못하는 것은 이런 이유 때문일 것입니다. 세계에는 부족과 국가가 탄생했고, 그들 사이에서는 견제와 경쟁이, 그리고 통폐합과 통일이 일어났습니다.

예를 들어볼까요. 동양사학자인 신정근 성균관대 교수는 한 특강에서 중국 대륙에서 제자 백가의 위대한 사상이 피어나던 춘추전국시대를 단 세 개의 수로 요약했습니다. '140 → 7 → 1'입니다.[11] 이건 당시에 중국 땅에 있던 나라의 수입니다. 주나라가 망한 직후, 춘추시대에 대륙에는 무려 140개의 군소 국가가 난립했습니다. 이렇게 많던 나라들은 전국시대에 모두 스러져 흡수되고, 종국에는 단 7개 나라로 정리됐습니다(전국칠웅). 그리고 급기야는 진나라 1개 나라가 살아남아 전국을 통일했지요. 다른 '힘에의 의지'를 용인하지 않는, 단 하나의 힘에의 의지만이 살아남은 이 역사는 니체의 혜안을 증명하고 있습니다. 문명의 역사는 축적의 역사이자, 경쟁과 통폐합, 그리고 피의 역사인 셈입니다.

꿀을 열심히 모으고 집에 차곡차곡 쌓아두는 당신의 습성을 이야기하다가 이야기가 인간 문명을 비판하는 데에까지 나아갔습니다. 하지만 꿀벌 씨도 동의할 거라 생각하고 조금만 더 이야기해 보겠어요. 동양 철학에 심원한 윤리학과 형이상학을 부여한 경전으로 유명한 《주역》에는 이렇게 문명 초기에 자원의 축적 경향을 숙고한 괘가 있습니다. 주역이 쓰여진 때는 동아시아에서 문명이 한창 발전해 최초의 국가가 건설되던 때였습니다. 도시국가 수준을 넘어 역사상 최초로 세계 제국 중 하나가 건설되고 있었는데, 그 원동력이 축적이었음을 당시의 지식인들도 간파하고 있었던 것이지요. 고대 그리스에서 진정한 철학이 탄생한 시기가 도시국가가 통폐합돼 거대한 제국이 건설되던 때인 것과도 비슷해 보입니다. 철학자인 김상봉 교수는 이를 '메트로폴리스에 적합한 철학의 탄생'으로 말한 바 있지요(《호모 에티쿠스: 윤리적 인간의 탄생》).

동양철학의 근원으로 꼽히는 《주역》에서 축적에 대해 고민한 것도 마찬가지 맥락일 겁니다. 《주역》에서 축적을 논한 괘는 '쌓다/쌓이다'라는 뜻을 지닌 '축畜' 괘입니다.

'축'은 가축이라는 뜻이기도 하고 '기른다(이 경우 발음은 '휵')'는 뜻이기도 합니다. 축 괘는, 정확히는 하나의 괘가 아닙니다. '크게 쌓다'는 '대축大畜' 괘와 '작게 쌓다'는 '소축小畜'의 서로 다른 두 괘가 64개의 괘 안에 각각 따로 있습니다. 대축과 소축 괘에 직접 자원이나 재산 축적을 묘사한 대목은 없습니다. 다만 대축 괘를 풀이한(흔히 공자가 풀이했다고 말합니다만, 진짜인지는 모릅니다) '단전象傳'이라는 주석에 이런 대목이 있습니다. "강건독실해 밝은 빛이 날로 덕을 새롭게 한다.剛健篤實輝光日身其德" 마찬가지로 괘의 풀이집인 '상전象傳'에는 이런 말이 나오고요. "산중에 하늘 있으니 크게 쌓음이다(대축 괘는 산을 의미하는 괘 위에 하늘을 의미하는 괘가 올라가 있는 형상). 군자는 이를 본받아 앞에 했던 말과 행실을 많이 알고 덕을 쌓는다.天在山中大畜君子以多識前言往行以畜其德" 티끌이 쌓이고 쌓여 이뤄진 게 산일 텐데, 그 산 속에서 우리는 (쌓아둔 바닥이 아닌) 하늘천도을 우러릅니다. 쌓은 권력과 재산이 아니라, 초월적인 대상인 하늘을 떠받듭니다. 하늘은 우리를 한없이 작고 낮고 부끄럽게 만드는 대상입니다. 두 문구 모두, 마치 인류가 진정으로 갈고 닦아야 할 대상, 쌓아야(축적해야) 할 대상은 자원이나 재산이 아니라는 듯, 즉 '덕'이어야 한다는 듯 말하고 있습니다. 이 때 덕은 그저 좋은 말, 추상적인 말이 아닐 것입니다. 큰 나라가 작은 나라를 칠 때, 강한 자가 약한 자를 억압하고 지배할 때 그저 힘과 권력의 불균형만이 동력이라면 그 세계는 얼마나 살벌할까요. 약한 자는 약하게 태어났다는 이유로 언제든 비참하게 살다가 죽어야 한다면, 그 세계는 얼마나 단조롭고 활력이 없으며 비극적일까요. 덕은 그런 수량적인 힘과 재산의 불균형에 반성을 가하는 장치일 것입니다. 당대의 구체적인 현실이 낳은, 당시 지식인들이 고민하고 고민한 끝에 내놓은 인류사적인 해법을 담고 있는 말일 것입니다.

조금 더 나가볼까 합니다. 위진시대의 천재 학자로 이름을 날린 왕필은 이 괘에 이런 주석을 달았습니다. "금세 싫증나 물러나는 것은 약해서고, 잠시 영화롭다가 쇠락하는 건 얄팍해서다." 흔히 자원을 가득 쌓아두면 언제까지고 영화로울 수 있으리라고 생각합니다. 하지만 그건 사실이 아닙니다. 쌓아놓은 건 언젠가는 바닥나거나 무너질 수 있습니다. 그 시간이 더 빨리 오게 하는 것은 얄팍함입니다. 좀 더 정확히 말하자면, 사람 사이에서의 관계의 얄팍함이라고 할 수 있습니다. 축적이라는 상태는, 그냥 쌓기만 한다고 유지할 수는 없습니다. 언제고 욕심만 내 쌓기만 하는 사람을, 과연 다른 사람들이 용인할 수 있을까요. 협조하지 않고 이기적이기만 한 사람을, 다른 사람은 마냥 감내하고 지원할 수 있을까요. 덕을 구하지 않고 힘과 권력, 재산만으로 억누르고 핍박하는 사람의 세계가 안정적으로 오래 발전할 수 있을까요. 아닐 것입니다. 이미 수학자와 정치학자들이 컴퓨터 시뮬레이션으로 연구한 결과, 이렇게 비협조적이고 이기적인 개체들로만 이뤄진 사회나 생태계는 오래 가지 못하고 금세 공멸에 이른다는 사실을 수학적으로 증명해냈습니다. 가장 오래 가고 널리 번성하는 집단은, 일단 서로 무조건 협조하되 배반자에게만은 '눈에는 눈 이에는 이' 식으로 응징(맞배반)하는 제한된 이타적 개체들의 집단이었지요(로버트 액설로드, 《협력의 진화》).

근면한 생활의 정당한 대가를 받지 못하는 사람들이 많고, 반면 근면하게 일하지 않지만 이미 축적한 것만으로 호사하며 더더욱 축적을 가속할 수 있는 세상은 서민과 중산층이 두텁지 않은 취약한 세상입니다. 얄팍한 세상이고, '강건독실'하지 못한 세상이지요.

꿀벌 당신만 해도, 열심히 모은 꿀을 육각형의 기하학적 밀랍 구조물인 벌집 속에 채곡채곡 쌓아놓습니다. 애벌레들은 똑같은 크기의 벌집 안에 한 마리씩 들어가 일벌들이 주는 먹이를 먹으며 자랍니다. 그리고 그렇게 자란 애벌레가 다시 일벌이 돼 다음 세대를 키웁니다. 벌집 열 개를 한꺼번에 차지하는 애벌레도 없고, 살 권리를 박탈당한 애벌레도 없습니다. 그렇게 당신은 벌집 안에서 모든 꿀벌이 공평하고 심지어 '민주적인(토마스 실리, 《꿀벌의 민주주의》)' 세상을 건설합니다. 그런데 인류가 과연 당신 꿀벌에게서 이런 점을 배울 생각이 있는지 모르겠네요.

사실 사람들은 철학을 통해 스스로 극복하고자 노력도 많이 했습니다. 철학은 언제나 이런 제한 없는 물욕과의 다툼이었습니다. 중용 10장에는 '강함'에 대해 숙고하는 구절이 있습니다. 진정한 강함이란 강한 자가 다 갖고 약한 자를 억누르는 야만 상태가 아니라는 게 핵심입니다. 대신 강한 자가 스스로의 강함을 억제하고 약자와의 공존을 택하는 게 진정한 강함이라고 역설합니다. 이는 다양한 대상이 복잡하게 얽힌 채 평화롭게 공존하는 생태계의 모습과도 비슷합니다. 자신과 나머지가 다르지 않다는 깨달음, 나 역시 전체 생태계의 일부분이라는 인식이 중요해집니다. 개체수가 줄고 있는 저 박쥐나, 이유도 모르게 사라지고 있는 당신네 꿀벌들, 그리고 거의 멸종한 토봉을 '약한 것은 사라진다'며 무시하지 못할 이유입니다.

저희가 인류에게 말하고 싶은 교훈은 소박합니다. 그리

고 인류도 이미 알고 있는 내용입니다. 노자 64장에는 "성인은 바라되 바라지 않아서 혹은 바람이 없기만을 바라서, 얻기 힘든 보화를 귀하게 여기지 않는다聖人欲不欲不貴難得之貨"라는 구절이 있어요. 이 구절을 이식재는 "얻기 힘든 보화가 반드시 금옥을 뜻하지는 않는다. 내 몸 밖에 있는 것은 모두 얻기 힘든 것이다"라고 풀었습니다. 꿀벌 씨, 우리는 이 말이 어떤 뜻인지 잘 알지요. 꿀을 따려면 꽃을 찾아가야 하고, 꿀을 많이 얻으려면 꽃을 많이 찾아가야 합니다. 노동한 만큼 얻을 수 있는 게 꿀벌 씨와 저 박쥐가 사는 세계의 윤리학입니다. 하지만 사람들은 자원을 축적하면서 이런 단순명쾌한 법칙을 버렸습니다. 인간 사회 곳곳은 '꿀을 이미 많이 쌓아둔 꿀벌만이 계속 꿀을 더 많이 얻을 수 있는', 그래서 한 번 가난한 사람은 언젠까지고 계속 가난하고 굶주릴 수밖에 없는 희망 없는 세상이 되어가고 있습니다. 경제적 격차는 점차 벌어지고, 사회는 먹고 살만한 '강자'만을 위한 단조롭고 활력 없는 사회가 돼가고 있지요. 저는 사람들이 꿀벌 씨의 사회 같은 역동성과 민주성을 회복했으면 좋겠습니다. 열심히 일하면 더 많은 꿀을 얻을 수 있고 더 행복해지리라는 희망이 순진한 믿음이 아닌 세상이요. 모두가 제 몫의 이야기를 하고, 그 이야기가 받아들여질 수 있는 세상이요.

마지막으로 노자의 구절을 하나만 더 들고 편지를 마무리하려고 합니다. “자연의 위세를 두려워하지 않으면 무시무시한 위세가 닥친다民不畏威則大威至(72장)”는 구절이에요. 지진이나 태풍, 화산 폭발 등 자연재해를 일으키는 자연에 외경심을 표현하는 말일까요. 환경 파괴로 생태계의 순환이 교란됐을 때 닥칠 파국을 염려하는 걸까요. ‘꿀벌이 사라지면 세상이 멸망할 것이다’라는 식의 떠도는 이야기처럼요(이 말은 아인슈타인이 했다고 알려져 있지만 근거가 없습니다. 그리고 사태를 조금은 과장한 것 같아요. 당신네 꿀벌이 없어도 저나 뒤영벌, 나비 등 다른 동물들이 빈틈을 열심히 채울 거예요. 물론 예전만 하지 못하겠지만, 생태계는 나름의 균형을 찾아갈 것입니다. 물론 오늘날과 같은 모습은 아니겠지요. 사람들은 큰 피해를 입을 것입니다. 하지만 그렇게 해서라도 다시 새로운 균형을 찾는 것, 그것이 생태계의 저력이자 무서움일 것입니다).

저는 노자가 말한 것이 단순히 자연에 대한 이야기인 것만은 아니라고 믿습니다. 당신과 제가 신봉하는 ‘일한 만큼 얻는다’는 자연의 법칙을 거스를 때 벌어질 수 있는 일을 묘사하고 있을지도 몰라요. 그냥 넘겨짚거나 견강부회하는 게 아닙니다. 중국 당나라 때의 불교 승려였던 감산은 실제로 이 구절에 대해 “작은 잘못을 경계할 줄 몰라 죽게 돼서야 멈

춘다. 즐길 줄만 안다(서광사, 《감산의 노자 풀이》)"라고 해석했어요. 작은 즐거움 때문에 잘못을 멈추지 않는 무절제함, 끝을 모르는 탐욕이 떠오르는 풀이입니다. 자연에 대한 착취일 수도 있고, 브레이크 없는 인간의 부 추구와 그로 인한 지나친 불평등에 대한 경고로도 읽을 수 있을 것입니다. 멈출 줄 모르고 죽을 때까지 달콤한 맛에서 헤어 나오지 못하는, 나아가 그걸로 후세까지 호위하려고 시도하는 인류의 과한 욕심에 대해, 자연이 보내오는 묵시록적인 메시지라고 볼 수 있지 않을까요.

꿀벌 씨. 찬양받아 마땅한 당신의 근면함에서 인류 문명에 대한 길고 긴 넋두리로 이어졌네요. 이런저런 말에도 아랑곳없이, 당신은 어제처럼 오늘도 꽃이 피면 부지런히 꿀을 따고 동료와 협력해 견고한 벌집을 지으며 하루하루를 건실하게 보낼 것입니다. 공연히 어지러운 내용으로 가득한 제 편지가 건실한 당신의 심기를 불편하게 만들지 않았길 바랍니다. 부디 위기를 슬기롭게 이기세요. 그리고 언젠가 사람이 사라지고 난 뒤의 세상에서 우리, 화초와 과실이 흐드러진 낙원을 축복하며 다시 만나요. 그 땐 향긋한 감로주를 한 잔씩 나눌 수 있을 거예요. 사람이 사라진 세상은 특별히 더 좋을 것도 없겠지만, 특별히 더 나쁠 것도 없을 거예요. 세상은 아무 일도 없었다는 듯 스스로 그러한自然 모습 그대로일 거예요.

연중 절반 이상을 잠으로 보내는 당신의 들꽃 친구,

박쥐 올림.[12]

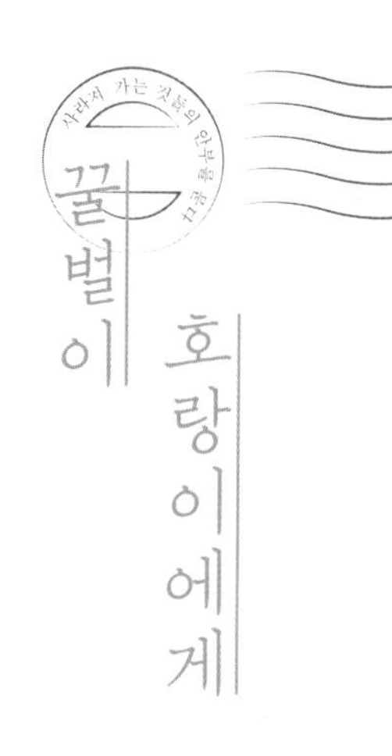

너는 모로 누워
부탁해요, 제발
기도하는 사람처럼 두 손을 모으고
곤히 잠들어 있네

이것은 꿈이 아니지
말하지 않을 땐 마지막 남은 너의 고백 같아서
부탁으로 나는 그걸 알아듣지

이불은 에메랄드 사원의 와불처럼 누워
네 살결을 만지고 있네
네 살결이 먼저 선잠에서 깨어나고 있네

– 김소연, '이불의 불면증' 부분

비운의 친구 호랑이에게

산속에 곤히 자고 있던 너를 기억해. 그 때가 언제더라. 못해도 반세기는 훨씬 지난 것 같아. 솜털처럼 가벼운 나는, 어쩌면 나보다 더 무거울지 모르는 네 털 사이에서 길을 잃곤 했지. 두렵진 않았어. 나는 스스로가 너를 덮는 이불이라도 되는 양 너를 감싸고자, 부드러운 내 다리로 네 속 살결을 어루만져주고자 네 속을 파고들었지. 하지만 오히려 이불 역할을 한 건 너의 털들, 그 이불에 덮인 건 나. 나는 빳빳하면서도 부드럽고 차가우면서도 따스한 그 이불에 푹 감싸이길 좋아했고, 너 역시 그런 나를 털끝만큼도 귀찮아하지 않아 했지. 넌 너그러웠어. 귀찮기로 소문난 따끔한 침을 지니고, 툭하면 자신도 모르게 공격적으로 돌변하는 불안정한 동물인 나, 꿀벌에게도. 비슷한 몸 무늬를 지니고 있지만, 한편 닮은 구석이라고는 찾을 수 없는 작은 미물에게도.

호랑이 네게 편지를 쓰게 될 줄은 몰랐어. 너는 아무르호랑이. 흔히 시베리아호랑이라고 부르는 호랑이 아종이지. 호랑이 아종은 원래 9종이 남아 있었는데, 이 가운데 3종이 20세기에 멸종하고 지금은 6종만이 남아 있지. 아무르호랑이는 이 가운데 한 종이야. 너희 호랑이 종을 연구한 어떤 논문에서는 6개의 아종 가운데 하나인 남중국호랑이는 야생에서 사실상 사라졌다고 보기도 해. 그렇다면 현재 남아 있는 아종은 모두 5종이 돼. 세계자연기금WWF에 따르면 남중국호랑이는 현재 25년 이상 야생에서 발견된 적이 없다고 하니, 정말 멸종한 게 맞을지도 몰라.

너, 그거 아니. 너는 남은 5종(혹은 6종)의 호랑이 아종 가운데 가장 크단다. 수컷은 최대 약 300kg 가까이 나가니까. 한 때 한국에서도 볼 수 있었기 때문에 한국 사람들은 널 한국호랑이라고 부르기도 해. 하지만 한국에서는 19세기 말 이후로 네가 거의 자취를 감췄고 20세기 초중반 이후로는 완전히 사라졌기에, 적어도 한반도 안에서는 너는 멸종 상태야. 그렇다고 네게 이름을 준 러시아 아무르강 부근(러시아 동남

시베리아호랑이

쪽) 및 중국 북동쪽 지방에서도 널 자주 볼 수 있는 것은 아니지. 세계자연기금의 자료에 따르면, 넌 기껏해야 400~450마리 남아 있어(호랑이 전체는 약 3200마리). 오래 대를 잇기에는 너무나도 적은 수로, 너는 국제자연보전연맹IUCN이 정한 종 보전상태 등급 중 '위기'에 해당돼. '야생에서 절멸할 가능성이 높다'는 뜻이지. 왜 그런 걸까. 그건 좀 우울한 이야기가 될 테니까, 서로 숨 좀 돌리고 난 뒤에 읽을 수 있도록 약간 뒤에 쓰기로 할게.

그나저나 이 편지를 가로채어 볼 게 뻔한 인간들은, 아마 너를 향한 내 말투에 깜짝 놀랄 거야. 용맹하기 그지없는, 그래서 사람들을 두려움에 떨게 하는 너인데, 어찌 한갓 미물인 꿀벌이 이렇게 친근한 말투로 편지를 건넬 수 있을까 하고. 하지만 사람들은 하나는 알고 둘은 모르는 것 같아. 너와 나는 같은 시대를 산, 비슷한 연배의 동물이라는 걸. 지구상에 나 서양꿀벌(흔히 말하는 꿀벌. 서양을 비롯해 거의 전 세계에 퍼져 산다)이 가까운 친척인 동양꿀벌과 갈라진 건 약 600만~800만 년 전으로 거슬러 올라가지.[1] 그런데, 호랑이 역시 엇비슷한 약 1000만 년 정도 전에 공통조상에게서 갈라져 나왔다는 사실이 최근 유전체게놈 연구 결과 밝혀졌거든. 둘 다 동물의 왕국에서는 비교적 막내에 속하는 동물인 셈이야. 하지만 사람들은 털이 복슬복슬 난 포유류를 동물의 대표로 생각하는 경향이 있는데다, 그 중에서 유독 크고 강한 동물을 숭배하고 신성시하는 습성이 있지. 그러다 보니 꿀벌은 감히 호랑이와 대적할 수 없는 미물처럼 느끼게 되고, 내가 네게 직접 편지를 쓰는 것도 놀랍거나 못마땅하게 생각하는 거야. 하지만 사실 그럴 일은 아니지. 지금 이 지구상에 존재하는 모든 동물은(그리고 생물은) 무엇 하나 다른 종보다 미개한 게 없어. 존재하는 모든 생물은 다 각자의 특성을 갖고 있을 뿐이야. 긴 세월을 견딘 오래된 동물이라고 해서 미물이 아니고, 척추가 없는 동물이라고 해서 척추가 있는 동물보다 열등한 것도 아니지. 꿀벌은 호랑이보다 그리 오래된 동물이 아니기도 하지만, 오래됐다고 해도 생물은 다른 생물보다 원시적이거나 사소하지 않거든.

사람들은 온몸에서 강한 기운을 뿜어내는 너의 아름다움을 질시하면서 동시에 동경하고, 정복하고 싶어 하는 것 같아. 하긴 너의 호쾌한 털 무늬와 균형 잡힌 몸매는 내가 생각해도 근사해. 나 역시 털 무늬나 색, 형태가 너와 비슷하지만, 몸매가 영 빠지네? 작고 짧고 볼록한 게, 볼품이 없어 보여. 그래도 허리는 너 못지 않게 잘록하고, 귀여움으로 따진다면 내 쪽이 너보다는 한 수 위라고 우겨볼래. 이건 내 말이 아니고 내 친구이자 너와 같은 포유류인 박쥐가 한 말이니, 그렇게 너무 크게 웃지는 말아 줄래?

사람들은 하나는 알고 둘은 모르지만, 내가 보기엔 셋도 모르는 것 같아. 네가 강하디 강한 턱과 발톱, 유연한 허리와 강렬한 눈빛, 그리고 십리 밖에서도 다른 동물들의 오금을 저리게 만들 만큼 커다란 목소리를 지녔다는 이유로, 너를 무적이라고 생각하고 있어. 물론 너는 실제로 무적이지. 세상의 어지간한 포유류들에게 너와 1대 1로 맞서 싸우게 한다면, 대부분은 다 너의 무력 앞에 간단히 무릎을 꿇고 말 거야. 심지어 너 혼자서 세 마리를 상대한다고 해도 대부분 압도할 테지. 압도하지 못한다 해도 최소한 지는 일은 없을 거고. 단 한 종, 인간을 빼고 말이야.

최근 나는 꽤나 신기한 발표를 듣고 너를 생각했어. 2013년 초에 서울에서 열린 호랑이 학술대회에서였어. 국내외의 호랑이 수의학자와 생물학자, 역사학자, 소설가 등이 모여 한국의 호랑이 복원을 논의하는 자리였지. 아름다운 날이었어! 다가오는 봄을 생각하면 그저 온몸이 뜨거워지고, 날개가 저절로 붕붕거리며 꽃을 향해 달려갈 준비를 하게 되는 그런 시기였지만, 그래도 난 너를 기리는 학술대회를 놓칠 수 없어서 열 꽃 다 제치고 발표회장을 찾아갔어. 실내에 벌이 들어왔다며 사람들이 한바탕 난리를 쳤지만, 나는 태연히 사람들의 손이 닿지 않는 곳에 숨어 너의 서식처와 역사, 복원 방법에 대한 다양한 발표를 들었단다. 내가 특히 주목했던 것은 역사학자이자 호랑이 전문가인 김동진 박사(전 서울대 수의대 BK부교수)가 조선시대의 문헌을 분석해 호랑이와 표범의 분포를 조사한 내용이었어. 무슨 내용이었는지 알아? 사람들의 편견과 달리, 글쎄 네가 원래는 산속에 살던 게 아니었다는 거야. 물가에 주로 살았다는 거지!

산속으로 '쫓겨난' 호랑이

호랑이가 있다면 어디에 살 것 같냐고 사람들에게 물으면, 열에 열 다 깊은 산속에 산다고 대답하지. 왜, 동화도 그렇잖아. "떡 하나 주면 안 잡아먹지~!"라고 말하는 호랑이가 어디 마을 골목길 뒤나 강가 갈대밭 속에서 나오디? 다 깊은 산속을 걸을 때 나무그늘을 헤치고 튀어나오잖아. 호랑이는 산 깊은 곳에 숨어 사는 숲의 왕이었지. 요즘도 네 사진을 찍고자 하는 사진가는 멀리 러시아 동쪽 지역에 가서 눈 덮인 산속에 진을 치고 있곤 하지. 낮에 종종 네 울음소리가 들리면,

온 골짜기에 그 음향이 구석구석 퍼지면서 흰 풍경을 고요한 침묵으로 몰아넣는대. 호랑이와 깊은 산속은 역시 잘 어울리는 짝 같았어. 그런데 이게 잘못된 생각이었다니!

발표를 듣다 보니, 조금 이해가 갔어. 네가 깊은 산속에 살았던 것도 맞긴 맞대. 다만 깊은 산속에 주로 산 것은 조선 후기에 국한될 뿐이라는 거지. 전기와 중기까지만 해도 호랑이는 산 속 외에도 야트막한 지형의 물가 습지에서도 태연히 살았대. 사실 생각해 보면 당연한 말인지도 몰라. 지상에서 가장 힘세고 강한 최상위 포식자인 네가 가장 먹잇감이 많고 물이 넉넉한 곳에서 사는 게 당연하잖아? 물가만큼 생태계가 다양하고 복잡하며 풍요로운 곳이 어디 또 있겠어. 플랑크톤류부터 물고기 같은 물 속의 동물, 이들을 노리고 오는 새, 범람원의 무성한 수풀과 주변의 갈대숲에 사는 고라니 같은 초식 동물, 이들을 노리는 육식동물까지 그야말로 동물에게는 천국이지. 동물 입장에서는 이런 지상 낙원을 두고 산에 들어갈 이유가 어디 있겠어![2]

호랑이 너도 마찬가지였다고 하지. 김 박사가 이날 발표한 내용과, 2013년 <과학동아>에 기고한 글을 볼까.[3] 김 박사는 조선왕조실록과 승정원일기 등을 조사해 호랑이가 출현한 지역을 시기별로 조사해 봤대. 출현 지역은 호랑이가 사는 서식지역, 사람이 사는 지역, 그 중간인 점이지대로 나눴는데, 흥미롭게도 고려시대부터 조선 전기까지(17세기까지)는 사람이 사는 지역에서 발견되는 경우가 꾸준히 늘었어. 네가 점차 사람 사는 곳으로 다가섰다는 증거지. 김 박사는 이것이 네가 원래 살던 곳이 농경지로 바뀌거나 땔감 채취하는 곳으로 바뀌었기 때문이라고 분석하고 있어. 조선 중기인 18~19세기가 되면 호랑이가 점이지대(경계지역)와 서식지대에 출현하는 경우가 높아졌어. 하지만 사람이 사는 곳에서도 여전히 많이 출현하고 있었지. 이것은 네가 서식지를 회복해서가 아니라, 출입 금지 지역인 왕족의 능침陵寢이 많아지면서 이곳 부근이 원시림이 돼 네가 거기에서 많이 살아서일 뿐이야.

개체수는 어땠을까. 기록을 통해 추정해 보면, 17세기 후반 이후로는 너는 줄곧 내리막길을 걸었다고 해. 보통 한국의 과거 기록에는 '범'이라고 해서 너와 함께 표범 등을 뒤섞어 기록해 왔기 때문에 오직 너만 구분하기는 어렵지. 하지만 호랑이나 표범이나 다 비슷한 운명을 겪었으니 큰 틀에서는 같이 이야기해도 그리 틀린 말이 아닐 거야.

그렇다면 구체적으로 어떻게 네가 밀려났을까. 김 박사는 농지 개간을 큰 이유로 꼽았어. 농업 개발은 고려 말인 15

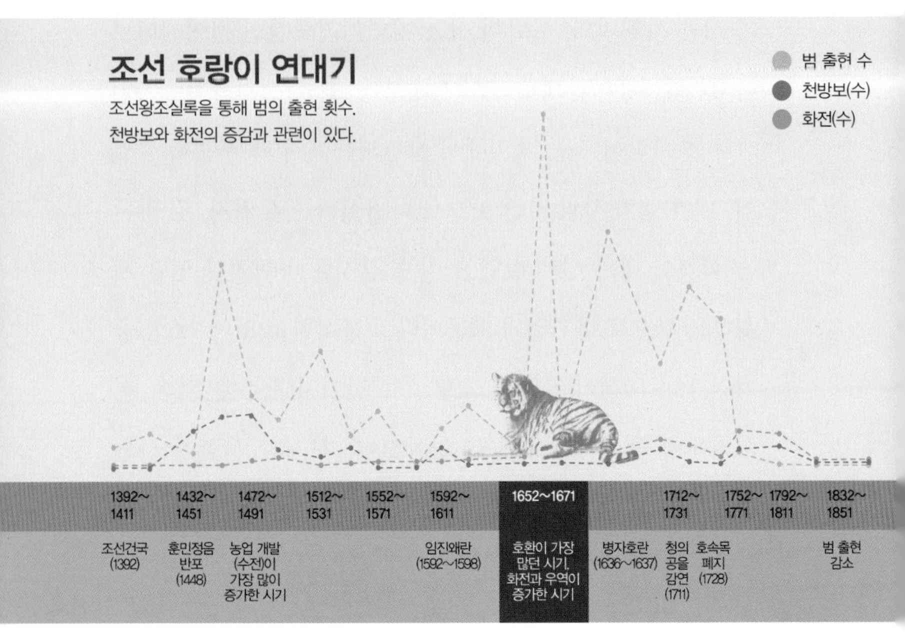

조선왕조실록을 통해 범의 출현 횟수

세기부터 본격화됐는데, 이 때 강가에 수리 시설을 짓고 무논을 만들기 시작했대. 그런데 바로 그 강가가 네가 뛰어놀던 공간이었던 거야! 전에는 사람이 가끔 풀이나 베러 갔던 곳인데, 여기에 논을 조성하니 사람들이 수시로 드나들게 됐지. 너는 자연히 지상 낙원과 같은 물가를 포기하고, 물 귀하고 동물 수 적은 척박한 산으로 올라가야 했고.

그나마 살기가 나은 얕은 산은 안전했을까. 아니었어. 강가를 다 개간한 사람들은 이번에는 다시 산골짜기와 중턱에 불을 질러 화전으로 만들기 시작했지. 17세기부터 19세기까지 줄곧 이어진 화전 조성으로, 너는 다시 낮은 산을 떠나 깊고 깊은 산 위로 올라가야 했던 거야. 먹을 게 풍부한 물가를 포기하고, 물가보다는 못하지만 그나마 영양가가 풍부했던 산 아래마저 사람에게 빼앗긴 너는, 어쩔 수 없이 깊은 산속에 갈 수밖에 없었어. 먹을 것도 별로 없는 척박한 그곳으로!

어디 그뿐이니. 사람들은 호랑이를 직접 잡기도 했대. 세상에, 호랑이를 잡다니, 그런 동물이 있을 수 있을까! 나는 귀를 의심했어. 하지만 사실이었어. 좀 참혹한 이야기지만, 그래도 상세히 들려줄게. 혹시라도 네가 어딘가에서 사람들을 만나게 되면 피하는 데 도움이 될지도 모르니까. 김 박사에게 메일로 따로 들은 설명에 따르면, 조선시대 호랑이 사냥꾼들은 세 명이 한 조를 이뤄서 몰이 사냥을 했대. 끝이 포크처럼 갈라진 삼지창이나, 그냥 한 갈래의 날만 지닌 창을 들고 몰아서 꼼짝 못하게 한 뒤 죽였다는 거지. 아까 호랑이가 어지간한 동물과는 아마 1대 3으로 싸워도 지진 않을 거라고 했지? 거기에 예외가 있고 그게 사람이라고 말했는데, 결코 빈 말이 아니었어. 조선의 호랑이 사냥꾼은 실제로 세 명이 모이면 너 한 마리쯤은 거뜬히 잡았다니까! (이렇게 '호랑이'라는 일반명사 대신 '너'라는 인칭 대명사를 쓰니까, 갑자기 섬뜩한 느낌이 든다. 실제를 인식하게 하는 관계어의 힘이여!)

왜 너를 사냥했을까. 가장 큰 이유는 당연히 두려움이었어. 사람을 물어 죽이는 너나 표범 같은 맹수가 산을 활개친다고 하면, 과연 사람들이 두려워서 농사를 지을 수 있을까. 요즘도 먹을 게 없어진 멧돼지가 종종 도심 변두리에 나타나면 사람들이 혼비백산하는데, 그게 호랑이였다고 생각해봐. 불안해서 살 수가 없다고 하소연할 거야. 아마 모든 사람들이 왜 호랑이를 없애지 않느냐고 원망이 가득하겠지. 실제로 일본의 야생동물 연구자이자 작가인 엔도 기미오가 쓴 글에 따르면, 일제강점기인 1915년 한 해 동안 호랑이에게 피해를 입은 사상자가 8명이었대.[4] 겨우 100년 전밖에 안 되는 때인데, 한 해에도 여러 명의 사람이 호랑이에게 목숨을 잃은 거야. 호랑이가 더 많았던 과거에는 그 수가 수십~수백 명에 이르렀다고 추측할 수 있겠지. 이런 상황에서 호랑이가 민족의 정기를 담은 영험한 동물이니 살려주라고, 인명피해쯤은 감내하겠다고 말하는 게 쉽지는 않았을 거야. 너는 조선시대 또는 그 이전부터 두려움의 대상이자 실질적인 인명피해와 재산피해(주로 가축)를 주는 맹수였고, 바로 그 이유로 사람들에게 사냥 당해온 것이지. 조선은 아예 포호정책

호렵도 두려움의 대상이자 인명, 재산피해를 주는 호랑이를 사냥

이라는 호랑이 포획정책을 써서 너를 없애려 노력했고, 나중에 일제강점기에 일본이 실시한 해수구제정책 역시 마찬가지 목적에서 적극 실시됐어. 이 과정에서 너뿐만 아니라 표범, 늑대, 곰 등이 함께 급감했어. 엔도 기미오의 글에 따르면, 1915년 한 해 동안 호랑이 11마리, 표범 95마리가 사냥 당했대. 호랑이와 표범만이 아냐. 한반도에는 또다른 큰 육식동물이 있었는데, 그들 역시 대대적으로 사냥 당했어. 한 해 전인 1914년에는 곰이 261마리, 늑대가 122마리 사냥 당했어. 놀랍지 않아? 고작 100년 전인데, 지금은 완전히 멸종

했거나, 거의 멸종한 동물들을 저렇게 많이 잡을 수 있었다는 사실이. 더 놀라게 되는 건, 저 때도 이미 긴 조선시대를 거치면서 호랑이와 표범의 수가 상당히 줄어든 뒤라는 거야. 과거에 한반도가 얼마나 다양한 동물이 사는 풍성한 생태계였는지 짐작할 수 있지!

다시 조선시대 이야기로 돌아와 보자. 너를 잡는 일은 물론 손쉽지 않았어. 일례로 잎이 무성하게 돋아나 은신이 쉬운 여름철에는 호랑이 사냥이 거의 없었대. 대신 가지가 앙상해지는 겨울에 주로 이뤄졌지. 여름철 사냥은 호랑이에 의한 인명, 재산 피해가 극에 달하는 예외적인 경우가 아니면 거의 이뤄지지 않았다고 해. 사람들도 제대로 된 자연 상태에서라면 호랑이를 이기기 쉽지 않다는 걸 알고 있었던 거야. 그래도 좀 치사하다는 생각에는 변함이 없어. 창이라니! 삼지창이라니! 나도 침입자가 벌집을 위협할 때는 독침이라는 무기를 가지고 필사의 전투를 벌이고, 떼로 몰려들어 방어를 해. 하지만 상대는 내 몸보다 백만 배는 큰 사람이나 천만 배 무거울 곰이라고. 하지만 겨우 몸집이 두세 배밖에 차이 나지 않는 사람이 세 명이나 붙어 싸우다니! 그것도 창을 들고! 떳떳하게 맨 손으로는 싸울 꿈도 못 꾸면서 감히 네게 덤비고 서식지를 빼앗고, 급기야 목숨을 앗아가다니!

그래도 창을 사용한 이 때는 그나마 나았을지도 몰라. 이후 총기가 들어온 후에는 총으로 너를 너무나 쉽게 사냥했으니까. 구한말 및 일제시대의 사진을 보면 한 손에는 곰방대를 들고 다른 손에는 긴 엽총을 든 조선 포수의 여유만만한 모습이 참 기묘한 기분이 들게 해. 당시 조선의 포수는 호랑이 사냥 덕분에 동아시아 최고의 포수로 명성이 자자했다고 하더군.

인간은 부드러운 몸과 느린 발, 그리 강하지 않은 완력, 날카롭지 않은 발톱(손톱)과 치아를 지닌 약한 존재야. 그 사실을 아는 인간들은 도구를 만들 수 있게 해 준 영특한 두뇌를 자신의 또다른 무기로 생각하고 있을 거야. 그들에게 팔에 든 삼지창은 제2의 발톱이고, 먼 거리에서 네 심장을 꿰뚫는 총알은 순식간에 네게 다가가는 재빠른 발이자 순식간에 숨통을 끊는 이빨이지.

구한말 및 일제시대의 호랑이 사냥

하지만 그렇다 하더라도 인간의 이상 증식(인간들은 그렇게 생각하지 않을지도 모르지만, 그들의 인구 증가율은 정말 폭발적이야. 뒤에 다른 편지에서 인류의 친척종 네안데르탈인이 인간에게 그런 얘길 자세히 써서 보낸다더군)과 그것을 뒷받침하기 위한 농지 개간, 그리고 위협당하지 않고 안전하게 살고 싶은 마음과 잠깐의 경제적 이윤을 위해 너를 절멸에 이르게 한 것은 결코 떳떳한 일이 아니라고 생각해. 경제적 가치는 이름 그대로 '돈'이 목적인 경우인데, 너와 표범의 가죽을 만들어 팔면 상당한 돈을 받았다고 하더군. 김 박사에 따르면, 당시 최고급 기술자의 임금을 기준으로, 거의 1년 반~2년치 임금에 해당하는 금액을 한 번에 벌 수 있었대.

더구나 그저 재미, 또는 영웅심의 발로로 사냥하는 경우도 많았단다. 일제강점기 때의 사업가 야마모토 다다사부로가 쓴 사냥여행기인 ≪정호기≫(최근 극적으로 한국어로 번역됐어!)를 보면, 이 부유한 실업가는 그저 자신의 부와 공명심을 드러내고자 조선을 찾아 호랑이를 사냥했던 것으로 보여. 야마모토는 1917년 11월10일부터 한 달 동안 조선에 가서 사냥한 과정을 그림과 글로 기록해 뒀는데, 생각해 봐. 일본 도쿄에서 선박업을 했다는 사업가가 사냥에 무슨 조예가 있었겠어. 더구나 일본에는 호랑이도 없었는데 호랑이 사냥

일본인의 호랑이 사냥

은 언감생심이지. 그가 한 일이라곤 떼를 지어 조선에 들어온 뒤, 이미 동아시아 최고의 포수로 이름을 날리던 조선의 포수들을 대거 고용해서 사냥을 지휘한 것뿐이야. 참여자 중에는 일본인 포수도 3명 있었지만 전체에 비하면 극소수였고, 나머지인 21명의 포수와 수십 명의 몰이꾼(무기를 갖지 않고 호랑이를 몰아주는 사람들. 주로 그 마을 사람들)은 모두 조선인이었다고 하더군(하지만 일본인 포수가 적다는 데에 이견도 있어. 같은 책에 대해 엔도 기미오가 쓴 해설에 따르면, 그는 일본인 포수가 3명이나 있다는 데 놀라움을 표시하고 있어. 일제강점 7년 만에 조선에서 호랑이 사냥으로 이름이 난 일본인이 생겼다는 사실 자체에 놀란 거야. 식민지의 생태계 최상위에 있던 너를 잡겠다는 일념으로 들어온 사람들이 그렇게 빨리 늘어났다니! 그들의 침탈은 분야를 가리지 않고 속속 이루어졌구나!). 아마모도 자신이 한 일은? 사냥한 호랑이 앞에서 총을 들고 사진을 찍는 일이었지. 그리고 호랑이 고기 시식회를 열고(아! 참혹해!) 신문기자들을 초청해서 널리 보도시키는 일이 그가 한 가장 중요한 일이었어. 이런 일을 한 이유는, 그가 조선 호랑이를 사냥하는 일이 해수를 없애는 공익적 활동이라고 생각해서만은 아니었을 거야. 일본의 '기개'를 알리고(식민지 생태계의 왕을 잡았다!) 식민지의 정기를 억누르려는 침략적 구상이 없고는 하기 힘든 일이지.

이미 이야기를 하고 말았지만, 이런 요인들이 겹쳐 너는 한반도에서는 자취를 감췄어. 김 교수의 글에 따르면, 너는 이미 18세기 이후에는 거의 혼자 다녀야 할 만큼 수가 적어졌고(사람들이 흔히 떠올리는, 깊은 산속에서 홀로 등장하는 호랑이 이미지. 원래는 두어 마리가 같이 다니는 경우도 많았는데 말이야), 19~20세기에는 한반도 남쪽에서는 사실상 거의 사라졌어. 북쪽에 일부 남은 호랑이도 일제강점기를 거치며 지금은 완전히 사라진 상태야. 1921년 경주 대덕산에서 잡힌 호랑이가 마지막으로 사살된 호랑이라고 하니 벌써 100년 가까이 돼가는구나(김 박사에 따르면, 이후에도 몇 년 동안은 호랑이를 잡았다는 공식 기록이 여기저기에 나타난대). 표범은 그보다 40년 정도 뒤에 마지막 개체가 잡혔어. 엔도 기미오가 쓴 ≪한국의 마지막 표범≫에는 1962년 경남 합천과, 이듬해에 근처인 대전리에서 표범이 잡힌 이야기가 생생히 나와 있지. 이야기 속에서, 그리고 사진에서 만날 수 있는 마지막 표범은 어린 개체인지 작고 그리 강하지 않으며(사진을 보면 그저 조금 큰 개만해 보여) 조금은 어리숙해 보였어. 낯선 문명 앞에서는 아무리 강한 동물도 작아지고 약해질 수밖에 없는 것 아닐까.

아무튼, 이 모든 우여곡절 끝에, 지금 너 한국 호랑이는 한반도에 없어.

한국호랑이의 복원 가능할까

현재 아무르호랑이를 볼 수 있는 곳은 러시아 동쪽 끝과 중국의 북동쪽 일부 지역에 국한돼. 그곳에 네가 약 400마리 정도 남아 있는 것으로 추정된다는 이야기는 이미 했지. 세계자연보전연맹이 경고할 정도로 멸종 위험이 큰 너인데, 지금 들려오는 네 소식도 그리 기분 좋지만은 않구나.

너는 지금도 자꾸만 줄어들고 있대. 사람들이 삼지창으로 널 위협해 몰이사냥을 해서가 아니야. 지금은 더욱 교활한 방법이 네 생명을 위협하고 있어. 라디오 PD이자 작가인 정혜윤 씨가 쓴 《사생활의 천재들》이라는 책의 첫 번째 이야기는 자연다큐멘터리 감독인 박수용 작가가 주인공이지. 호랑이 다큐멘터리만 1000시간 찍었다는 전설적인 작가 말이야. 박 작가는 호랑이를 찍기 위해 러시아에 가서 직접 '비트'라는 일종의 참호를 파고 그 안에서 호랑이를 기다렸대. 한두 시간 기다린 게 아니지. 때로는 몇 개월, 때론 반년 이상 비좁은 비트에서 말 한마디 할 상대 없이 홀로 자리를 지키기가 다반사였다지. 그 때 그는 우연찮게 거대한 '왕대' 호랑이와 만나 그 눈빛에 압도당하기도 하고(죽을 위기였지 뭐니!), 사람의 인내심을 시험하는 극단적인 부재감과 공허감, 그리움에 시달리기도 하지. 그 안에서 박 작가는 아마 삶의 비범함과 평범함, 무거움과 가벼움, 예사롭지 않음과 예사로움에 관한 모순적이고도 겸허한 에피파니를 얻었을 거야.[5]

정 작가의 글과, 야생에서 보낸 박 작가의 치열한 견딤의 시간이 만나, 이 글은 호랑이를 다룬 그 어떠한 글보다도 더 큰 충격과 안타까움, 감동을 주는 글이 됐어. 나는 이보다 더 날것의 형형한 아름다움을 지닌 글을 알지 못해(하나 더 찾는다면, 김탁환 작가의 소설 ≪밀림무정≫. 강한 것과 강한 것이 서로를 인식한 채 날것 그대로 부딪힐 때의 그 형형한 아름다움이여! 물러섬 없는 냉혹함이여!). 아마 그리움에 사무친 나의 이 편지조차도, 너를 잠깐 만나기 위해 기나긴 시간을 시간 자체로, 차가운 바람의 선뜩함으로, 눈을 날리는 희미한 바람 소리로 견딘 그 글의 이야기보다 절절하지 못할 거야.

그 글에서 한 가지 인상적인 것은 박 작가가 만난 호랑이의 짝과, 그 사이에서 난 자식 손자가 차례로 죽는 대목이야. 책에서는 그 대목을 신문의 사회면 기사에서처럼 건조하게 서술하고 있을 뿐이지만, 나는 당시 박 작가가 속으로 어지간히 눈물을 쏟았으리라 믿어. 그 대목은 글을 직접 읽을 사람들을 위해 남겨두기로 하자. 내가 강조하려는 것은 용맹한 그 호랑이들이 어떻게 최후를 맞았는지야. 밀렵꾼의 산탄총에 맞아, 또는 그들이 설치한 와이어덫에 감겨 고통스럽게 세상을 떠났다고 하지. 심지어 교통사고로드킬도 있었다고 해. 그들의 머리로는 도통 이해할 수가 없어 그저 '초자연적'이라고 생각했을 어떤 현상이 일어나, 지상의 왕이던 자신의 목숨을 순간 앗아갔어. 그 순간 어린 호랑이들은 어떤 생각을 했을까. 나고 자란 고향이자 그들이 보아온 세계의 전부, 수

백만 년 전부터 조상 대대로 살아온 기억의 성소, 그리고 무엇보다 발로 딛고 비비고 박차며 살던, 믿음으로 의지한 유일한 터전이었던 대지에게 '배반'당했다고 느끼지 않았을까. 혹시 처음이자 마지막으로, 자신의 믿음을 갑작스러운 죽음으로 배반한 세상에 대해 원망 같은 걸 하고 떠나지 않았을까. 사랑이 아닌 미움으로 짧은 생의 마지막 순간을 보낸 게 아닐까. 나는 그게 너무나 두렵고 안타까워.

너무 우울한 이야기를 했구나. 이번엔 조금은 힘이 될 수 있는 이야기를 해볼게. 네가 사라지고 거의 한 세기가 지난 2013년, 과학자들이 네 유전체게놈를 처음으로 해독해 그 결과를 발표했어. 한국 연구진이 주축이 된 연구였지. 역설적이지 않니. 한국호랑이는 더 이상 한반도에 없는데, 너를 그리워하는 사람들이 모여 복원도 도모하고 있고, 이렇게 DNA도 해독해 냈다니까. 너 없는 자리에서 너는 더욱 그리워진다.[6]

이 연구는 에버랜드에 있는 수컷 아무르호랑이 '태극'의 시료를 이용해 이뤄졌어. 2003년 출생한 몸무게 180kg의 건강한 녀석이었지. 한창 때의 네가 생각나더라. 물론 300kg 가까이 나가던, 아무르호랑이 중에서도 가장 큰 편이었던 너와는 체급부터가 다르지만 말이야. 건장한 몸에서 뿜어 나오던 힘과 자신감, 그리고 그와 어울리지 않게 날렵하던 체구까지, 다리에 잡힐 듯 생생하다. 다시 네 털 안에 들어가 이불에 감싸이듯 나도 감싸이고 싶어져. 내가 이불인지 네 털이 이불인지 모르는 그 따뜻한 황홀경.

유전체 해독 결과는 흥미롭게도 네가 가정에서 기르는 고양이와 생각보다 가깝다는 사실을 보여줬어. 너는 고양이과 동물이니까 어느 정도는 고양이와 비슷하리라는 생각이 많았지. 하지만 생각 이상으로 더욱 가까웠어. DNA의 유사성을 바탕으로 둘의 유사성을 따져 봤더니, 유전체의 95.6%가 같았대. 이를 바탕으로 두 종이 갈라진 시기를 추정해 보니, 겨우 1000만 년 전에 갈라졌다는 사실을 알 수 있었지. 1000만 년. 길다면 긴 시간이지만, 사람으로 치면 사람과 오랑우탄이 갈라진 정도의 기간밖에 되지 않는 짧은 시간이야. 호랑이와 사자도 아니고, 호랑이와 고양이가 그 시간 안에 각각 이렇게 다른 종으로 진화했다니 그건 놀랄만한 일이긴 하지.

더구나 네게는 사람과 오랑우탄 사이와는 또다른 특징이 있었어. 유전체의 '구조'가 개개의 DNA의 차이보다 적었다는 거야. 마치 긴 책이 특정 구조를 갖춘 문장의 집합으로 이뤄진 것처럼, 유전체는 DNA가 일정한 패턴으로 뭉친

부분이 다시 모여 이뤄져 있어. 이 배열 구조가 보통은 종마다 달라. 그런데 호랑이는, 개별 DNA는 서로 95.6%밖에 닮지 않았는데, DNA가 담긴 유전체의 구조는 그보다 훨씬 많이 그러니까 98.8%나 비슷했어. 너와 고양이는 생각보다 더 가깝다는 거지.

게놈 연구 결과는 신기하지. 나도 모르고 아마 너도 잘 인식하지 못했을 네 특성이 고스란히 드러나. 너는 현존하는 동물 가운데 가장 육식성향이 강한 동물이래. 네가 생겨나기 전의 공통조상(그러니까 1000만 년 전의 조상)에 비해 냄새를 잘 맡도록 변했고(냄새 수용체의 발달), 단백질 소화와 관련한 유전자도 유독 발달해 있다는 사실이 드러났어. 육식에 적합한 식성으로 진화한 거지. 그뿐인 줄 아니. 근육과 관련한 유전자도 발달했는데, 잘 알다시피 너의 속도와 유연성이 바로 여기에서 비롯되는 거야. 아, 강하면서도 부드럽던 네 사냥 광경이 그립다.

연구는 서글픈 사실도 알려줬어. 사실 이 연구는 너뿐만 아니라 눈표범이나 백사자 등 다양한 고양이과 동물의 게놈을 함께 연구했단다. 이런 연구를 통해서 그 동물 집단의 유전적 다양성을 알아볼 수도 있어. 생태계는 다양성을 좋아해. 건강한 생태계는 유전자의 다양성이 풍부한 세계야. 그리고 유전자 다양성이 다양하려면 개체수가 풍부해야 하지. 유전자 다양성은 돌연변이 때문에 생겨나는데, 개체수가 많아야 돌연변이 수도 늘고, 그 돌연변이가 짝짓기를 통해 서로 섞이는 경우도 늘어나 더욱 다양성이 풍부해져. 그런데 네 게놈에서 이런 돌연변이를 찾아본 결과는 서글펐어. 너 아무르호랑이는, 백호 즉 흰 털을 지닌 호랑이보다도 유전자 다양성이 낮았어. 이게 왜 문제인 줄 아니? 백호는 자연적으로 태어난 게 아니야. 흰 털을 지니도록 사람들이 세심하게 인공 교배를 한 결과로 태어난 호랑이거든. 이 말은, 극히 일부 호랑이를 이용해 교배를 시켰기 때문에 유전자 다양성이 몹시 낮다는 뜻이야. 그런데 이런 백호보다 너 아무르호랑이의 유전자 다양성이 더 낮았다니, 네가 현재 개체수가 급감해 위기에 처했음을 알려주는 거야. 하긴 이건 너 혼자만의 문제는 아닌가 보다. 이 연구에 따르면, 전체 대형 고양이과 동물은 극히 최근인 약 7000년~7만 년 전부터 개체수가 크게 줄어들었던 흔적이 유전체에 남아 있대. 혹시, 이 무렵 지구를 뒤덮기 시작한 호모 사피엔스(인류) 때문은 아닐까. 그들이 네게 직접 해를 끼친 것은 아니더라도, 네가 살 곳을 차지하고 그곳을 개간하며 점차 너를 살기 척박한 곳으로 내몬 게 아닐까 생각해 본다. 한반도에서 네가 겪은 수난을 생각해 보면, 수만 년 전의 선사시대에도 그런 일이 없었으리라고는 자신할 수는 없잖아. 지금도 너는 밀렵꾼 위에도 벌목에 의한 서식지 파괴로 점차 줄어들고 있으니까. 그리고 사람들은 다른 동물을 대상으로 이미 비슷한 일을 너무나 많이 저질러왔으니까.

연구팀이 너의 유전체를 해독한 것은, 단순히 네 과거가 궁금해서만은 아닐 거야. 아까 편지 초반에도 말했듯, 장기적으로는 너를 이 땅에 복원하는 데 그 정보가 쓰였으면 하고 바라고 있어. 물론 직접적으로 유전체 해독 정보를 쓸 수 있는 것은 아냐. 영화 <쥐라기공원>에서처럼 유전자를 이용해 너를 만들어내는 일 따위는 현재로서는 불가능해. 바람직하지도 않고. 그보다는, 아직 한반도 북쪽에 살고 있는, 과거의 너와 같은 핏줄인 아무르호랑이들을 잘 이해하는 게 지금으로서는 가장 중요해. 네가 뭘 먹는지, 네가 어떤 환경을 피하고 또 좋아하는지 그런 것들을 유전체를 통해 하나하나 확인하고자 하는 거야. 너와 사랑을 나누고 나아가 너를 데려와 한반도 어딘가에서 같이 살기 위해, 너에 대해 작은 단서나마 찾고 싶어 하는 소망을 담는 거야. 그 소망에 나도 동참한다. 혹자는 네가 인근에 살 경우 피해를 입을 수 있다는 사실을 들어 너와 함께 살기를 거부하거나, 나아가 적극적으로 너를 '없앨' 권리를 주장하기도 해. 조선시대의 포호 정책이나, 일제강점기에 너의 마지막 숨통을 끊었던 해수구제정책이 그런 류의 생각에서 나온 거였겠지. 해로운 짐승을 쓸어없앤다는 명목! 하지만 러시아에서 너희를 관찰하고 연구하며 함께 생활권을 공유하는 러시아인들은, 너와 인간이 공존하는 게 불가능하지 않다고 신신당부를 한단다. 위험에는 조심함으로 대비하고, 피해가 있거나 예상될 때에는 그때그때 대응할 수 있다는 거야. 위험 요소가 되는 대상을 무조건 없애면 된다는 사고 방식만이 아니라, 위해가 될 수 있는 동물과도 지구를 나눌 수 있다는 또다른 사고 방식이 필요한 것이지. 이런 사실을 그들은 구체적인 삶에서 깨달은 거야. 나 역시 그런 생각에 동의해. 물론 그런 삶을 위해서, 우리는 수많은 제도적 안전 장치를 마련해야 할 거야. 같이 사는 건 쉽지만은 않을 거야. 하지만 말야, 시도할 가치가 있지 않을까.

호랑이야, 나 네가 너무 그리워. 너를 본지 너무나 오래됐어. 네 울음 소리가, 숨소리가 기억 속에 희미해. 찬 공기를 통해 퍼지던, 적요한 몸짓이 내뿜던 소리없는 포효 소리도 꿈속 같이 멀게 느껴진다. 네 털 속에 숨어 붕붕거리며 기분 좋은 화음을 내던 그 때로 돌아가고 싶어. 하지만 이미 너무 많은 시간과 공간을 우리는 갈라져 살아왔지. 시간은 거의 한 세기에 가까워지고 있고, 공간은 삼천리 밖으로 벌어져 있어. 이 편지가, 그 아득한 간극을 메우고 과연 네게 닿을 수 있을까. 언젠가는 가 닿으리라 믿지만, 가까운 미래가 아니더라도 실망하지 않을게. 정말, 실망하지 않을게.

사랑하는 꿀벌이.

이 편지는 수취인 불명으로 반송되었습니다.

옛 친구를 찾습니다. 제 이름은 까치. 찾는 대상은 호랑이예요. 호랑이와는 어려서부터 같이 살았던 친한 친구입니다. 스킨십을 나누던 꿀벌에 비할 바는 아니지만, 저도 호랑이와 꽤 친했습니다. 정 의심스러우시면 민화를 좀 찾아보세요. 저와 호랑이가 같이 그려진 그림이 잔뜩 나올 테니까요. 제가 이렇게 쪽지를 쓰게 된 이유는, 꿀벌이 울고만 있는 모습을 더는 보지 못하겠어서입니다. 저와 꿀벌은 하늘 하나를 같이 나눠 쓰는 사이로서, 약간은 데면데면했습니다. 그리 친하다고는 할 수 없었지요. 하지만 꿀벌이 얼마 전에 호랑이를 그리워하며 절절한 편지를 써서 보냈는데, 그게 호랑이에게 전달이 되지 않고 되돌아왔다고 합니다. 요즘 하늘을 날 때나 숲에 내려앉을 때나, 동물들에게서 들려오는 소식은 온통 그 얘기예요. 불쌍한 꿀벌, 호랑이는 역시 영영 사라진 걸까요. 러시아에 있는 호랑이가 한글 편지를 읽고 대신 답을 할 수도 없고…. 릴레이로 이어지는 이 편지가 여기에서 끝나면 안 되잖아요. 그래서 제가 호랑이를 수소문하는 쪽지를 남기는 거예요.

제 이야기를 좀 할까요. 저는 유럽부터 아시아까지 대륙에 널리 사는 새입니다. 특이하게도 이 넓은 지역에 퍼져 사는 까치는 모두 한 종입니다. 지역별로 약간씩 차이가 없지는 않은데, 아직까지 다른 종까지 갈라지지는 않았습니다. 기껏해야 아종 또는 지역종 정도로 보고 있지요. 이 외에 북아메리카 대륙에 '검정부리까치'와 '노랑부리까치'가 있어서, 까치는 모두 세 종이 있습니다. 그런데 이들의 종 구분에 대해서는 이견이 많습니다. 특히 검정부리까치가 문제인데요, 2000년대에 북아메리카 학자들이 자신의 지역에 사는 까치에 따로 종 이름을 붙이면서 유라시아 학자들과 제대로 합의를 하지 않았어요. 이상임 서울대 교수의 설명에 따르면, 유라시아 대륙에 있는 까치가 갖는 지역별 차이에 비해, 북아메리카의 까치가 지닌 차이가 크지 않다고 합니다. 딱히 새로운 종으로 구분할 근거는 없는 셈이지요. 오히려

검정부리까치(상)와 노랑부리까치(중), 유라시아까치(하)

이상임 서울대 교수와 최재천 이화여대 에코과학부 교수(당시 서울대 교수)팀이 2003년 미토콘드리아 DNA 추적을 통해 각 지역 까치의 차이를 밝힌 결과를 보면, 한국과 중국 일대에 사는 까치*Pica pica sericea*가 다른 까치에 비해 오래됐고 유전적 특질 차이도 크다고 해요.[1] 러시아 극동 지방인 캄차카반도 쪽 까치와 유럽 지역의 까치가 유전적으로 가장 가깝고, 이 둘은 북아메리카의 까치와 가깝습니다. 이를 바탕으로 까치의 이주 경로를 추정해 보면 흥미로운 결과가 나와요. 먼저 북동아시아에서 까치가 처음 나타나고, 이게 캄차카반도 쪽으로 퍼진 뒤 일부 개체군이 베링해를 넘어 북아메리카로 가 퍼졌다는 거죠(63만~75만 년 전). 이 까치의 후손이 지금의 북아메리카의 검정부리까치입니다. 캄차카반도에서는 다시 일부 개체군이 서쪽으로 멀리 이주했는데(38만~63만 년 전), 그게 지금의 유럽 까치*Pica pica pica*가 됐습니다. 이렇게 보면 한국 등 동아시아의 까치는 전 세계 다른 모든 까치보다 오래된 종, 가장 근원이 되는 종일 가능성이 커졌습니다. 만약 굳이 어떤 아종 하나를 별도의 종으로 분류하려 한다면, 북아메리카의 까치가 아니라 한국의 까치를 별개의 종으로 분류하는 게 오히려 더 합리적일 수 있다는 뜻이지요. 물론 저는 아직 그저 대륙에 널리 퍼져 사는 뭇 까치에 속하는 하나의

까치의 분포

아종 또는 지역종일 뿐이에요. 그런데 그보다 유전자 차이가 적은 북아메리카 까치가 종 자격을 얻고 또 홀로 '검은부리까치'라는 이름을 차지해 버리니, 역시 '검은부리까치'인 저는 그저 당혹스럽습니다.

저는 까마귀과에 속하는데, 이 까마귀과가 머리가 좋기로 유명합니다. 조류계의 영장류라고 불러도 좋을 정도예요. 저 역시 몹시 똘똘하지요. 얼마나 똘똘하냐면, 사람을 얼굴을 보고 기억할 정도예요. 이 글을 대신 써주고 있는 필자의 아버지가 겪었던 일을 들려줄게요. 아파트 단지에서 까치 새끼가 무슨 사연에서인지 바닥에 떨어진 일이 있었다고 합니다. 까치가 위에서 하도 시끄럽게 울기에 지나가다가 봤더니 아래에 새끼가 떨어져 있었대요. 달리 손을 쓸 방법이 없이 그냥 지나갔는데, 며칠 뒤에 외출을 할 때 까치가 갑자기 달려들어 공격을 했다고 합니다. 같은 옷을 입은 것도 아니었고 아파트 중정을 지나다니는 사람이 한둘인 것도 아닌데 어떻게 알았을까요. 어미 까치가 얼굴을 알아본 건 아닐까요. 또 그날의 사건을 기억하고 있고요. 새끼가 위험할 때 그 곁에 가까이 갔던 사람을 기억하고, 그 사람을 얼굴을 통해 알아보고는 공격을 한 것이지요. 맞는지, 나중에 그 까치를 수소문해서 제가 한번 물어봐야겠어요.

이 같은 사실은 연구를 통해서도 확인됐어요. 이 교수팀이 서울대에서 까치 둥지 연구를 하는데, 그 일을 전담한 연구원에게 까치들이 공격적인 반응(따라가면서 깍깍대는 등)을 보였다고 합니다. 그래서 같은 옷을 입은 두 사람을 까치 둥지 옆에 준비시킨 뒤, 까치가 주목하면 서로 반대 방향으로 비슷한 보폭으로 걸으며 까치의 반응을 살폈는데, 거의 대부분 까치는 자신의 둥지에 온 바로 그 연구원만 따라다니며 못살게 굴었다고 합니다.[2] 얼굴을 알아보고, 했던 일도 기억한다는 뜻이지요. 까치는 '나는 네가 둥지에서 한 일을 알고 있다, 저리 가라' 하고 외치는 걸까요. 아무튼 이 연구로 저는 조류 중에서 사람 얼굴을 구분할 수 있다는 사실이 확인된 세 번째 새로 인정 받았습니다. 속설에 '까치가 울면 손님이 온다'고 하는데, 동네 사람 얼굴을 기억하고 있다가 낯선 사람이 오니 우는 걸지도 모르겠어요.

사실 얼굴을 알아보는 것은 제가 보여주는 수많은 영리한 능력 중 하나에 불과합니다. 거울을 보고 그게 자신인지 알기도 하고(침팬지와 오랑우탄 같은 유인원, 코끼리 정도에게만 확인된 능력으로, 자아 개념이 있다는 뜻이기에 중요하지요. 나중에 나오겠지만, 비둘기에게도 그런 특성이 보인다는 실험 결과가 있어요. 하지만 아직 논란이 많습니다), 물건을 숨기고 다시 찾는 능력도 있지요. 하지만 저보다 한수 위인 새가 있대요. 까마귀요. 까마귀 중의 일부 종은 도구를 사용한다거나, 복잡한 도구를 보고 원리를 직관적으로 이해하는 등 더욱 뛰어난 능력을 보여주기도 하지요. 참고로 한국은 까마귀는 드물고 대신 까치가 많습니다. 반대로 일본은 까치가 드물고 까마귀가 많고요. 이상임 교수에 따르면, 일본의 까치는 일본 남단의 규슈 일대에 아주 조금 사는데, 한국에서 들어간 개체군이라고 합니다.

제가 애타게 호랑이를 찾는 이유는 사실 하나 더 있습니다. 호랑이의 운명이 미래의 제 운명이 되지 않을까 두렵기 때문입니다. 까치는 아직 흔한 새인데 무슨 말을 하는 거냐고 묻는 표정이 눈에 선하네요. 그런 분이 계시다면 한번 여쭤보겠습니다. 까치 자주 보십니까? 의외로 최근 까치를 만난 기억이 없는 분이 꽤 계실 것입니다. 설마 너무 오래돼, 어떻게 생겼는지도 가물가물한 분이 계신 건 아닌가 걱정스럽네요.

실제로 까치는 최근 그다지 잘 지내지 못합니다. 대략적인 추정이나 '느낌'으로 까치가 위험하다고 말하는 건 과학적인 자세가 아닙니다. 적은 개체나마 대표적인 개체군을 정해서 오래 관찰해야 합니다. 전국적인 조사가 이뤄지면 더 좋겠지요. 앞서 박쥐 연구 역시 그렇다고 했지요. 아직은 극소수의 연구자들뿐이지만, 그들이 부지런히 그리고 꾸준히 전국을 돌아다니며 매년 한 조사 덕분에 이제야 박쥐의 생태와 문제를 알 수 있게 된 것이지요. 까치도 마찬가지입니다. 꾸준한 조사와 연구가 여러 해 쌓여야 까치가 왜 위기에 부딪혔는지, 어떻게 해야 그 추세를 막을 수 있을지 작은 단서나마 알 수 있을 것입니다.

다행히 이상임 교수와 최재천 교수, 피오트르 야브원스

키 서울대 교수와 서울대, 이화여대 학생들로 구성된 까치연구팀이 꾸준히 우리를 장기 연구해 오고 있습니다. 아직은 서울대 캠퍼스 안(1998년부터)과 카이스트 캠퍼스 안(2008년부터)의 개체군뿐으로 범위가 아주 넓지는 않습니다. 하지만 과학적이고 엄밀한 생태 연구를 오래 이어오고 있다는 사실만으로도 귀합니다. 더불어 우리의 생태나 행태와 관련한 흥미로운 연구 결과도 많이 내고 있으니 금상첨화지요.[3]

까치연구팀의 연구 결과에 따르면, 저희는 뛰어난 지능에도 불구하고 현재 그다지 잘 살고 있지는 않은 것 같습니다. 번식 성공도 등 생존에 중요한 지표에서 10여 년 전보다 못한 모습을 보이고 있습니다. 이 교수에 따르면, 90년대 말~2000년대 초반에 연간 60회를 넘었던 서울대 까치 개체군의 번식 시도 횟수는 최근 50회 이하로 줄어들었습니다. 예전보다 새끼를 덜 낳으려 한다는 뜻입니다. 번식을 시도한다고 해서 다 알을 낳고 부화시켜 키우는 것도 아니기 때문에, 실제로 새끼가 태어나 둥지를 떠나는 경우는 극히 드뭅니다. 이 교수에 따르면 서울대 전체에서도 연간 40마리 미만이라고 합니다. 더구나 혹독한 첫 겨울 추위를 견디는 새끼도 많지 않아, 제대로 살아남는 까치는 연간 두세 마리 이하라고 합니다. 우리가 얼마나 어려운 상황에 빠져 있는지 알 수 있겠지요.

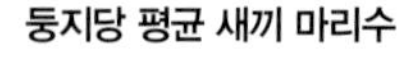

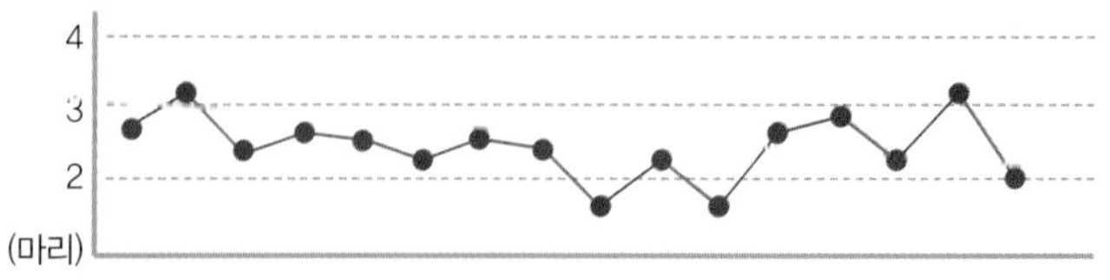

번식 성공한 둥지의 비율

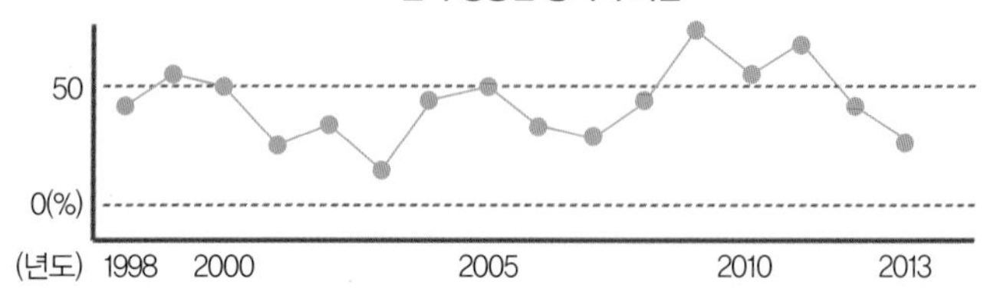

까치의 부화율

우리의 생존은 환경에도 큰 영향을 받습니다. 국립환경과학원에서 펴낸 국가장기생태연구사업 3단계 보고서를 보면(까치연구팀이 까치 생태 분야 연구를 주도하고 있습니다), 까치의 번식에는 산란 전 겨울의 기후가 큰 영향을 미친다고 돼 있습니다. 하지만 아직 기후 중 어떤 요인이 문제인지 등 구체적인 요인은 확답하기 힘든 상태입니다. 더 많은 연구가 더 오래 이뤄져야 합니다. 이 교수는 "까치가 위기에 빠진 이유를 세세한 요인과 함께 제시하려면, 훨씬 더 긴 시간 동안 자료가 축적돼야 한다"고 말했습니다. 박쥐와 마찬가지로, 까치 역시 꾸준하고 긴 관찰과 연구가 필수인 이유입니다.

이렇게 저희가 위험한 상황인데도, 저희는 사람들에 의

해 '합법적으로' 죽임을 당할 수 있는 상황입니다. 환경부에 의해 유해야생동물로 지정돼 있기 때문이에요. 개체수를 조절한다는 명목으로 '제거'가 가능해져 여기저기서 총에 맞아 죽는 일이 빈번하게 발생하고 있습니다. 저희가 유해야생동물이 된 이유는 두 가지입니다. '야생생물 보호 및 관리에 관한 법률' 시행규칙에 따르면, 저희는 '장기간에 걸쳐 무리를 지어 농작물 또는 과수에 피해를 주고', '전주 등 전력시설에 피해를 주고' 있다고 합니다. 네, 피해를 입게 한 점은 사과 드립니다. 애써 지은 농작물이 망가졌거나, 자꾸만 정전이 일어나거나 사고가 난다면 그건 막아야겠지요. 하지만 그게 저희의 '잘못' 때문일까요. 전깃줄이나 과수원은 사람만이 살아야 하는 곳에 지어진 건 아니잖아요. 그 땅은 사람이 살기 전부터 제 어머니의 어머니의 어머니의 다시 어머니의 어머니의 어머니…가 살던 곳입니다. 그런 땅에 전신주가 생겼고 과수원이 일궈졌습니다. 저희는 그저 바뀐 환경에 맞춰 살았던 것뿐이에요. 살던 땅을 방해하고 침범한 것이 우리 까치인가요?

또 백번 양보해 '잘못'을 인정한다고 해도, 그 해결이 저희를 죽이는 방식으로 이뤄지는 게 과연 바람직한 일인가 생각하게 됩니다. 피해를 입는 사람에게는 물론 귀찮은 존재일 수 있지만, 그렇다고 죽여야 할 당위는 없습니다. 무엇보다,

우리가 같이 살 방법은 없는 걸까요. 인류는 자신들을 귀찮게 하거나 재산 피해를 발생시킬 여지가 있는 동물과는, 도저히 한 하늘 아래에서 지낼 수 없는 존재인 걸까요.

한국의 도시 환경은 날이 갈수록 세련돼지는 것 같습니다. 거리는 깨끗해지고 건물은 찬란해졌습니다. 사람들은 날이 갈수록 도시로 몰려들고 있습니다. 그런데 그 환경이 제게도 꼭 유리하지는 않은가 봅니다. 어떤 동물이 위기에 빠지는 건 순식간에 벌어지는 극적인 사건 때문이 아닙니다. 매해 조금씩 조금씩 콘크리트와 철골 구조물에 잠식당하는 서식지, 요동치는 기후, 극적으로 변해버린 스카이라인 때문에 서서히 위험에 빠집니다. 저 역시 그 와중에 조금씩 숨이 막혀오는 게 아닐까 생각합니다. 막연한 추측은 큰 도움이 되지 않습니다. 저를 더 연구해 주세요. 그리고 보호 대책을 마련해 주세요. 속담과 민화에 나오는 친숙한 새라고 재미로만 바라보지 말아 주세요. 한켠에서 엄격하고 진지하게 조사해 제가 위기를 맞고 있는지, 이유는 무엇인지 상세히 알고 대책을 마련해 주세요. 저는 호랑이처럼 사라지고 싶지 않으니까요. 하루하루 눈물로 밤을 지새우는 꿀벌 같은 여자친구를 만들고 싶지 않으니까요.

제 처절한 상황을 이야기하다보니, 정작 본론인 호랑이

얘기를 잊었네요. 하지만 이미 눈치 채셨겠죠. 제가 진짜 하고 싶은 이야기는 바로 제 이야기라는 걸. 호랑이 찾는 얘기는 그저 핑계였다는 걸. 제가 약았다고 너무 흉보지는 마세요. 이미 이야기했잖아요, 저 영리하다고. 하지만 호랑이를 그리워하고 있고, 돌아오길 바라고 있다는 말은 거짓이 아니라 진심입니다. 호랑이를 보신 분이 있다면, 꿀벌이 답장을 기다리고 있으니 꼭 답장하라고 일러 주세요. 아울러 같이 민화에 나오던 절친한 친구 까치도 보고 싶어 한다고도 알려 주세요. 호랑이가 돌아와야 할 당위성은 커요. 호랑이 같은 생태계의 최상위에 있는 육식 포유류를, 환경학에서는 '우산종'이라고 불러요. 생태계에서 중요한 역할을 하는 종으로, 그 종이 존재한다면 다른 종 역시 그 그늘에서 안전하게 존재할 수 있기 때문이지요. 마치 비를 피하는 우산처럼, 외부의 위협으로부터 보호를 받는 거예요. 복원 역시 마찬가지예요. 우산종을 복원하면, 생태계 복원 효과를 그 우산 아래에 있는 동물이 두루 누릴 수 있게 됩니다. 호랑이의 귀환은, 동물의 다양성이 낮은 한반도의 전체 생태계에 큰 변화를 가져올 거예요. 저 역시 그런 한반도를 고대합니다.

까치 드림.

PART 2

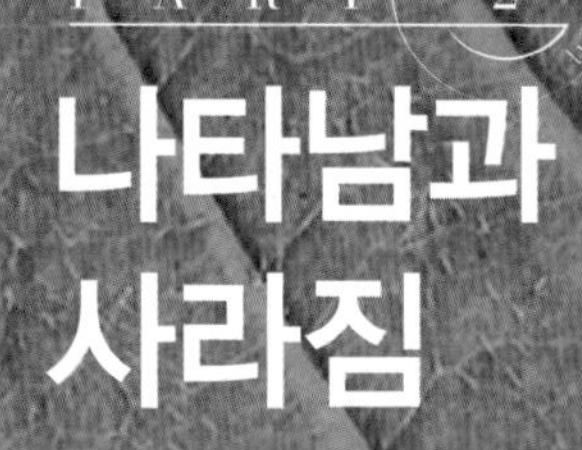

나타남과 사라짐

: 육종과 진화

돼지가 고래에게

고래가 비둘기에게

비둘기가 십자매에게

십자매가 공룡에게

사라져 가는
것들의
안부를 묻다

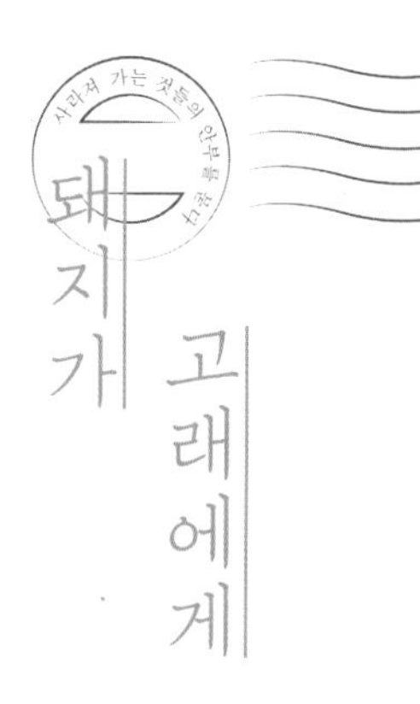

나는 늘 고래의 꿈을 꾼다
언젠가 고래를 만나면 그에게 줄
물을 내뿜는 작은 화분 하나도 키우고 있다

깊은 밤 나는 심해의 고래 방송국에 주파수를 맞추고
그들이 동료를 부르거나 먹이를 찾을 때 노래하는
길고 아름다운 허밍에 귀 기울이곤 한다

– 송찬호 '고래의 꿈' 부분

안녕하세요, 고래 씨. 돼지입니다. 낯설고 먼 바다에 있을 당신을 상상하며 처음 편지를 보냅니다. 원래는 제가 편지를 받고 나서 보내야 하는데, 듣자 하니 호랑이가 사라져서 편지가 끊겼대요. 그래서 제가 다시 시작합니다. 제 이야기를 못 읽어서 아쉬운데, 대신 제가 나중에 당신께 추신으로 제 이야기를 좀 하려고 해요. 사실 저, 하소연이 조금 필요했거든요.

당신이 바다에 중계한다는 '고래 방송'이 얼마나 근사할지 생각하니 가슴이 두근거려요. 울산 장생포에 있는 고래박물관에서 귀신고래의 울음소리를 처음 들었던 때의 기억이 떠오릅니다. "우우우웅"하는, 뭐라 흉내낼 수 없는 신비로운 소리에 얼어붙은 듯 오래 멈춰 서 있었지요. 망망한 대해를 가로지르는, 몸을 휘감는 바닷물을 통해 전해지는 당신의 음성은 또 어떻게 다르게 들릴지 사뭇 궁금합니다.

왜 그렇게 멀리 퍼지는 당신의 소리에 집착하느냐고요. 너른 바다를 헤엄치고 노래하는 당신과 비교하면, 제 현실이 너무나 초라하기 때문이에요. 비좁은 사육장 안에서 느껴지는, 동료들의 거친 숨소리와 미지근한 체온, 발에서 느껴지는 썩은 오물의 뭉근한 열기. 이것이 저를 둘러싼 환경의 전부랍니다. 오늘도 저는 악취와 소음을 견디는 것 외에는 다른 방법을 찾지 못한 채, 오로지 꿈과 환상에 의지해서 겨우겨우 편지를 쓰고 있습니다. 제 정신이 잠시나마 먼 바다로 향할 수 있기를, 서해의 조류를 헤치고 쿠로시오 해류도 이겨 태평양과 대서양, 남극해 같이 당신이 사는 바다에 온전히 가 닿기를 간절히 바라며 발굽을 천천히 놀립니다. 마음을 꾹꾹 눌러 담아 쓰고 있는 이 편지엔, 제가 마음에 품은 염원과 상상력의 전부가 담겨 있습니다. 고래 씨, 당신은 그 간절함을 느낄 수 있나요.

문득 생각해봅니다. 육지에 있는 저에게, 하늘의 동물에게 편지를 쓰는 게 더 어려울까요, 바다의 동물에게 쓰는 게 더 어려울까요. 혹은 작은 동물에게 쓰는 게 더 어려울까요, 큰 동물에게 쓰는 게 어려울까요. 사실 어느 쪽이든 상관없습니다. 편지를 쓴다는 행위를 통해 밖의 누군가에게 말을 걸 수 있으면 저는 그걸로 족합니다. 언제 전해질지 몰라도, 혹은 아예 전해지지 못할지 몰라도요. 당신의 이야기를 함으로써 저는 속박되지 않는 당신의 자유를 잠시나마 느낄 수 있어요. 당신이 연안의 수면에서 모터보트와 경주를 하거나, 대양에서 해류를 수천 km나 거스르며 헤엄을 치는 광경을 그리며 빙그레 웃습니다. 크고 자유롭고 풍성한, 태고적 꿈을 담은 당신의 거센 몸짓과 부드러운 움직임이 눈에 선하게 떠오릅니다. 제게는 없는 자유가, 제 몸 하나 겨우 뉘일 수 있는 마리당 1m^2 남짓한 장방형 사육장의 컴컴한 어둠과 퀴퀴한 냄새 사이에서, 꽃처럼 아름답게 피어납니다. 미소를 감출 수 없습니다. 흔히, 돼지가 웃으면 복이 들어온다고 하지요. 그래서 고사도 많이 지냈다고 하지요. 지금 짓는 제 웃음을 고래 당신의 복을 기원하는, 그러니까 온전히 당신에게 드리는 웃음이라고 합시다. 건강과 번영을 기원합니다.

당신에게 편지를 쓰기로 결심한 이후, 당신에 대해 몇 가지 조사해 봤습니다. 그리고 당신에게는 경이로운 점이 참 많다는 사실을 발견했지요. 당신이 지금까지 지구에 등장했던 어떤 동물보다 크고 무거운 동물이라는 사실이 그 중 하나입니다. 가장 큰 종인 대왕고래(흰수염고래)의 경우, 몸 길이가 약 30m에 무게가 170톤 이상 나가지요. 이에 필적할 만한 동물은 중생대에 살았던 공룡을 포함해, 전혀 없습니다. 공룡도 가장 몸집이 컸던 용각류라 할지라도 수십톤 이상 나간 사례가 없거든요.

당신은 깊이 헤엄칩니다. 지금까지 인간이 알고 있는 기록으로는, 2014년 초 <미국공공도서관학회지PLoS>에 발표된 민부리고래의 잠수 기록이 최고입니다. 위성 추적 장비를 통해 미국 서부해안에서 측정됐는데, 2992m 바다속에서 헤엄치고 있었지요. 물범 등을 제치고 가장 깊이 헤엄친 포유류가 된 것입니다. 하지만 연구팀은 이런 행동을 이상행동으로 봤습니다. 해군의 소나(초음파 탐지기) 때문에 이를 회피하는 과정에서 깊이 헤엄쳐 갔다는 것이지요. 인간도 이제는

흰수염고래

잘 알다시피 당신은 초음파로 대화를 나누지요. 그런데 갑자기 기계로 만든 강력한 초음파가 선박에서 발사돼 당신에게까지 들려온다면 얼마나 괴롭겠어요. 만약 저나 사람이 어느 날 길을 가는데, 갑자기 허공에서 커다란 스피커가 내려오더니 귀청이 떨어질 정도로 큰 소리를 바로 귀를 향해 발사한다고 생각해 보세요. 르네 마그리트의 초현실주의 그림 같은 이 광경을 직접 경험한다면, 사람이라면 어떻게 할까요. 아마 귀를 막고 도망가는 것 외에 달리 할 수 있는 일이 있을까요. 달리는 곳이 자동차가 달리는 도로일지, 절벽 아래가 될지 모른 채 혼비백산하겠죠. 저라면 머리가 깨지도록 우리를 들이받고 탈출할지도 모르겠네요. 근데 비슷한 일이 바다에서 갑자기 일어났어요. 거대하고 강한 신체를 지닌, 바다를 누리기를 《장자》의 소요유 편에 나오는 붕새 같이 하는 고래일지라도, 별수 있겠어요? 위험을 무릅쓰고 깊이, 더 깊이 들어갈 수밖에요.[1]

깊이 헤엄친다는 것은 분명 고래 당신이 보여주는 경이로운 생명의 신비입니다. 하지만 그보다 더 경이로운 진화적 신비도 있습니다. 지금은 바다에 사는 당신이, 불과 약 5500만 년 전까지만 해도 뭍에서 살았던 육상 동물이었다는 점입니다. 네 발로 바닷물이 찰랑찰랑 들이치는 물가를 조심스럽게 걷던 털 달린 육상 포유류가, 어떻게 바다를 자유롭게 헤엄치는 매끈한 몸의 바다 동물이 됐을까요. 거기에 어떤 사연이 숨어 있을까요.

바다에서 육지로, 다시 바다로 돌아간 동물

사실 지구의 생명은 바다에서 태어났습니다. 미생물의 형태로 태어난 최초의 생명도, 지금 우리가 볼 수 있는 동물의 시초가 된 수많은 동물이 나타났던 약 6억~5억 년 전 선캄브리아기 후기 및 고생대 캄브리아기의 동물들도, 모두 바다에서 삶을 시작했고, 이어나갔습니다.

하지만 약 5억 3000만 년 전, 일부 동물은 육상을 궁금해 했습니다. 그래서 지느러미를 이용해 고개를 물 밖으로 빼 든 채 뭍으로 기어갔지요. 부드러운 사암sandstone에 남은 이들의 발자국은 지금까지 발견된, 육상에 남아 있는 최초의 동물 흔적입니다. 이후 뭍에서도 숨을 쉴 수 있는 폐를 갖춘 폐어, 물과 뭍 양쪽에서 살 수 있도록 진화한 양서류를 거쳐, 동물은 점차 건조한 육지에서 생명을 부지하는 법을 배워나갔습니다. 중생대에는 지금의 포유류의 먼 조상이 쥐 같이 생긴 모습으로 태어났고, 서슬 퍼런 공룡 등 거대 파충류의 눈을 피해 음지에 숨어 살았습니다. 그러다 중생대 말에 공룡이 멸종하자, 무서운 지배자가 사라진 육상에서 포유류가 번성하기 시작했습니다.[2]

공룡이 사라진 세상에서 포유류가 보여 준 번성은 눈부셨습니다. 고래 씨, <인간 없는 세상>이라는 다큐멘터리 영화를 보신 적이 있으신가요. 같은 제목의 책도 있습니다. 감독은 '만약 지금 사람들이 사는 도시에서 한 순간에 사람만 사라진다면 어떤 일이 벌어질까'하고 물었습니다. 그리고 서서히 형태를 잃어가는 문명의 물리적 흔적들을 인상 깊게 예측했습니다. 수도와 전기 시스템이 멈추고 건물이 부스러지며 첨탑과 댐이 붕괴하고 도시가 사라집니다. 그 어떤 문명의 이기도 무無로 되돌아갈 이 운명에서 피해갈 수 없습니다. 《노자》 77장에서는 '천도天道는 마치 활시위를 메기는 것 같다. 높은 데는 누르고 낮은 데는 돋운다. 남아도는 것은 줄이고 모자라는 것은 보충한다. 하늘의 방식은 남는 것은 줄이고 모자라는 것을 보충하는 것이다'라고 했습니다. 이렇게 풍화로 평평하게 만드는 것, 높은 것은 깎고 낮은 것은 덮으며 결국 영원한 돌출도, 영원한 파임도 없이 공평하게 하는 과정이 자연이 지향하는 방식이며 지상의 이치라는 뜻이지

다큐멘터리 〈인간없는 세상〉

요. 이에 반해 인간은 높은 랜드마크도 세우고 깊은 웅덩이도 파고, 강도 막고 바다도 메우곤 했습니다. 이런 활동이 사라지니, 지구는 오로지 '메우고 돋우는' 자연의 논리에만 맞춰서 재편성되는 것이 당연하겠지요.

다큐멘터리에서 특히 가장 큰 울림을 주는 것은 역시 마지막 장면이었어요. 마지막 순간까지 인류의 존재를 증명할 존재는 텔레비전 공중파 프로그램의 전파입니다. 지구에서 우주 곳곳을 향해 방사형으로 방출된 전파는 우주를 떠돌다가, 결국 점차 희미해져 그 의미를 분별할 수 없는 지경이 되죠. 먼 항성계에서 미지의 외계 지적 생명체가 신호를 포착했다 해도, 문명의 흔적을 발견할 수 없게 돼버리고 맙니다.

그런데 더 흥미로운 일이 있어요. 한국의 전문가들에게 비슷한 질문을 한 적이 있어요. 특히 생물에 어떤 변화가 일어날지를 물었는데, 그게 참 재미있었습니다. 사람이 사라진 자리에는 커다란 생태계 틈이 생겨나고, 그 틈바구니를 빠르게 메워가는 동물과 식물이 나타난다는 응답이 많았습니다. 생태계는 복잡한 네트워크지요. 마치 팽팽하게 당기고 있던 그물처럼, 어느 구석에 끊어진 빈 틈이 생기면 틈을 메우지 않고는 그물이 온전히 유지되기 어렵습니다. 자연히 틈을 메우고자 하는 움직임이 활발하게 일어나지요. 이 움직임의 주체 역시 물론 생물 자신입니다. 기존에 생태계를 차지하고 있던 동물(여기서는 인간)의 빈틈에, 그 동물 다음으로 가장 잘 적응할 수 있는 동물이 번성하겠지요. 눈에 보이는 모습은 다르겠지만, 이들이 인간이 차지하던 생태 공간을 잠식합니다. 쉽게 말해 서울은 여우류의 중형 포유류와, 한강변에서부터 세를 넓혀오는 식물군에 의해 점차 녹색으로 변해갈 것입니다. 이런 과정을 통해, 지구와 도시는 물리적으로 풍화돼 사라지기도 하지만, 생물학적으로 '야생'이 될 것입니다.

신생대 초기, 지구 역시 비슷했습니다. 이 당시의 멸종은 공룡에만 한정된 게 아니었습니다. 지구 역사에도 손꼽히는 대멸종의 하나로, 공룡은 물론 바다의 파충류인 수장룡, 연체류인 암모나이트와 조개류, 하늘의 파충류 익룡, 그리고 유공충 등 전체 종의 3분의 1에서 3분의 2가 사라진 엄청난 사건이었지요. 지구의 생태계는 재편될 수밖에 없었습니다.

이 틈을 빠르게 메운 게 포유류였습니다. 포유류는 불과 1000만 년이라는 (지구와 생물 역사에서는) 짧은 시간에 극소수의 종에서 30여 분류군의 다양한 동물들로 빠르게 번성했습니다. 이렇게 짧은 시간에 다양한 종이 탄생하는 현상을 생물학에서는 '적응방산'이라고 합니다. 약 6550만 년 전부터 이뤄진 포유류의 적응방산은 대단히 강력했기 때문에, 오늘날 인류는 '동물'이라고 하면 가장 먼저 포유류를 생각하는 것입니다. 고래 당신도 저 돼지도 다 포유류의 한 식구고요.

당신 역시 이런 과정에서 지구에 모습을 드러냈습니다. 하지만 결코 바다 동물로서는 아니었어요. 육상 동물이었습니다. 그것도 오늘날의 하마나 우제류(발굽 수가 짝수인 동물군)와 가장 가까운 친척인 네발의 발굽 동물이었어요. 우제류에 어떤 동물이 있냐고요. 바로 사슴과 저 돼지가 대표적이에요. 신기하지요? 우린 5500만 년 전, 같은 조상에게서 나온 친척 사이랍니다. 그게 바로 제가 당신에게 굳이 길고 긴 편지를 쓰는 이유고요.

돼지의 먼 친척
고래

당연히 이 당시에 살던 원시 고래의 모습은 지금의 당신의 모습과는 전혀 달랐습니다. 평범한 네발 동물이었어요. 주둥이가 길고 발굽은 두 개 또는 네 개로 갈라져 있으며 개처럼 부지런히 땅을 헤집으며 먹을거리를 찾아 헤맸겠지요. 왜 물에 가게 됐을까요. 아마 먹이 때문이었을 겁니다. 빠른 시간에 육지를 점령하며 폭발적으로 불어난 포유류들은, 이미 서로 간에 먹이 경쟁을 벌이느라 꽤 피로함을 느꼈을 거예요. 당신의 조상은 경쟁이 상대적으로 적은 곳을 찾다 바다에 주목했을 것입니다.

오늘날 원시 고래의 뼈가 많이 발굴되는 것으로 유명한 이집트 북부는, 원시 고래가 살던 과거에는 바다였습니다. '테티스해'라는 이름의 이 바다는 육지에 둘러싸인 내륙해였는데, 그리 깊지 않은데다 따뜻했습니다. '에오세'라고 불리는 당시는 안 그래도 기후가 꽤나 온화했는데, 테티스해는 적도 근방으로 더할 나위없이 따듯했지요. 당연히 바다에는 생물이 풍부했습니다. 만약 당신의 조상이 물 속으로 들어갈 수만 있다면, 육지에서만 살 수 있는 수많은 포유류를 따돌리고 무궁무진한 먹이를 독차지할 수 있지 않겠어요? 5000만 년 전, 최초의 고래는 그렇게 바다를 꿈꿨습니다.

바다를 꿈꾼 최초의 원시 고래의 정체는 무엇이었을까요. 학자들은 신생대 초기의 포유류 화석 중에서 고래와 가장 가까워 보이는 동물을 찾았습니다. '메소니키드'라는 발굽 달린 육식 포유류였지요. 이 동물은 그러나 정확히 고래의 조상이라고 볼 수는 없었어요. 아마 사촌 같은 친척이었겠지요. 고래를 연구한 국내 대표적인 고생물학자인 임종덕 천연기념물센터 학예연구관에 따르면, 지금은 고래의 조상을 아직 잘 모른다는 뜻에서 그냥 '육상 포유류Land mammal'라고 부르는 추세라고 합니다.

이 글을 읽을 당신의 실망한 표정이 눈에 선합니다. 최초의 조상을 정확히 알 수 있을까 기대했을 텐데, 조상은 커녕 친척의 존재조차 확실하지 않다니 얼마나 속상하겠어요. 제가 다 안타깝네요. 하지만 지금의 제가 먼 친척이라는 것, 저와 당신 사이에 존재했을 그 어느 공통 조상에서 최초의 고래가 나왔으리라는 사실만은 분명해요. 그것만으로도 다행이지 않겠어요.

다행히 20세기 후반으로 오면서, 육상 포유류와 고래 사이를 이어 줄 '진짜 고래 조상'의 화석이 하나 둘 발굴되기 시작했습니다. 그 중 가장 오래 된 종은 파키스탄에서 화석이 발굴된 5500만 년 전 원시 고래 '파키케투스'입니다. 당시의 얕고 따뜻한 물가로, 파키케투스는 조심스레 다가갔습니다. 그리고 이 발걸음이, 육상 동물이었던 포유류를 점차 바다로 이끌었습니다.[3]

조심스레 첫 발을 바다에 디딘 당신의 조상은, 점차 물에 익숙해졌습니다. 처음에는 뭍에 주로 살며 물이 찰랑이던 얕

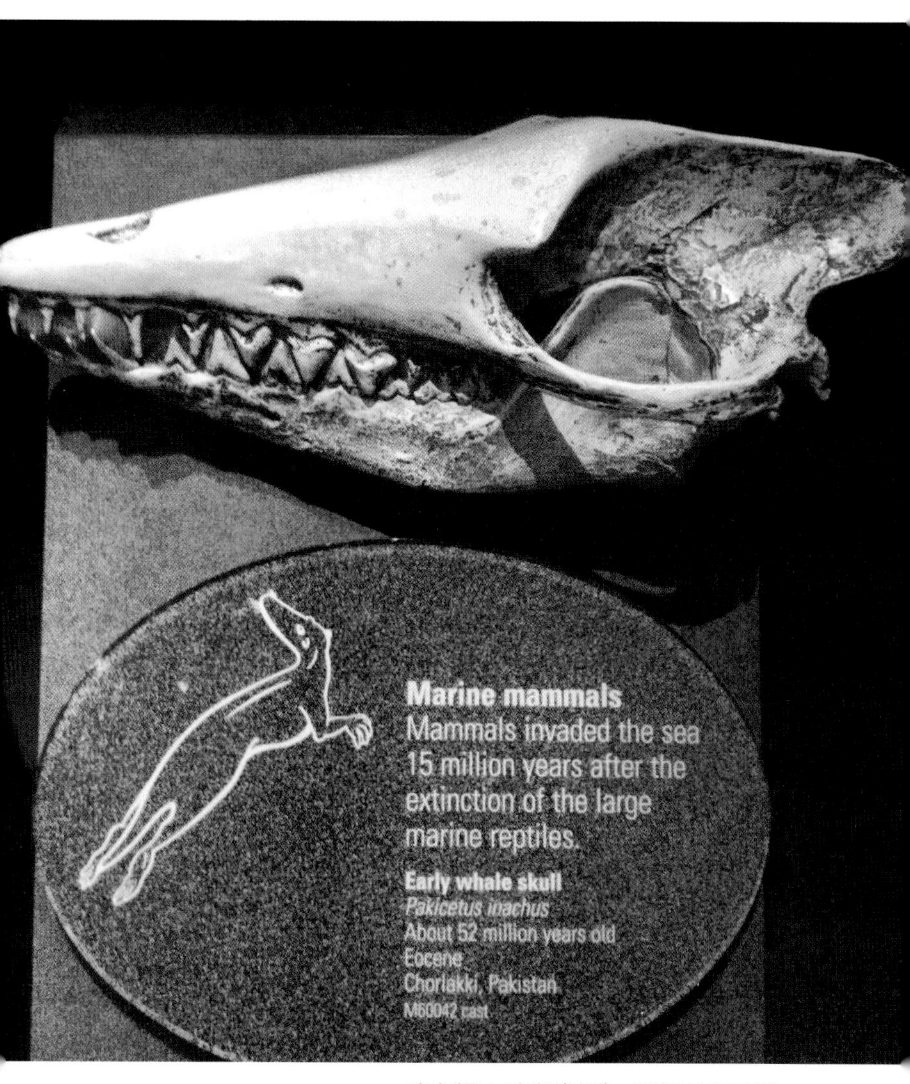

파키케투스 머리뼈(복제) 런던자연사박물관

은 바다에 가끔 들어가 먹이나 잡았지만, 곧 물에 들어가는 횟수가 많아졌습니다. 그리고 좀 더 물에 적합한 종들이 나타나기 시작했습니다. 몸은 점차 유선형으로 바뀌고 입이 길어졌습니다. 다리, 특히 뒷다리는 짧아졌습니다. 발가락에 물갈퀴가 생기다가, 점차 지느러미처럼 변했습니다. 꼬리는 헤엄에 도움이 되도록 강력해졌습니다. 털은 솜털로 바뀌다가 사라졌고, 대신 몸의 지방층이 두꺼워졌습니다.

고래는 진화 과정이 워낙 극적인데다, 중간 과정에 해당하는 화석이 여럿 발굴돼 있어 진화학자와 고생물학자들의 사랑을 듬뿍 받았습니다. 위에 설명한 중간 과정을 고스란히 설명할 화석이 모두 있을 정도지요. 임종덕 연구관의 설명을 좀 더 인용해 볼까요.

약 5000만 년 전에 살던 '암불로케투스'는 악어처럼 얕은 물에 살면서 먹이를 낚아챘던 것으로 추정됩니다. 악어처럼 다리가 많이 짧아졌지만, 얕은 물에서 살기에는 이게 더 유리했겠지요. 4800만 년 전에 살던 '쿠치케투스'는 몸통이 이미 유선형이고 주둥이가 길어졌습니다. 4700만 년 전 '로드호케투스'라는 종을 거쳐 4500만 년 전 '프로토케투스'에 이르면, 이미 네 발이 지느러미처럼 변하는 등 오늘날의 고래나 돌고래와 거의 비슷한 체형으로 바뀌게 됩니다.

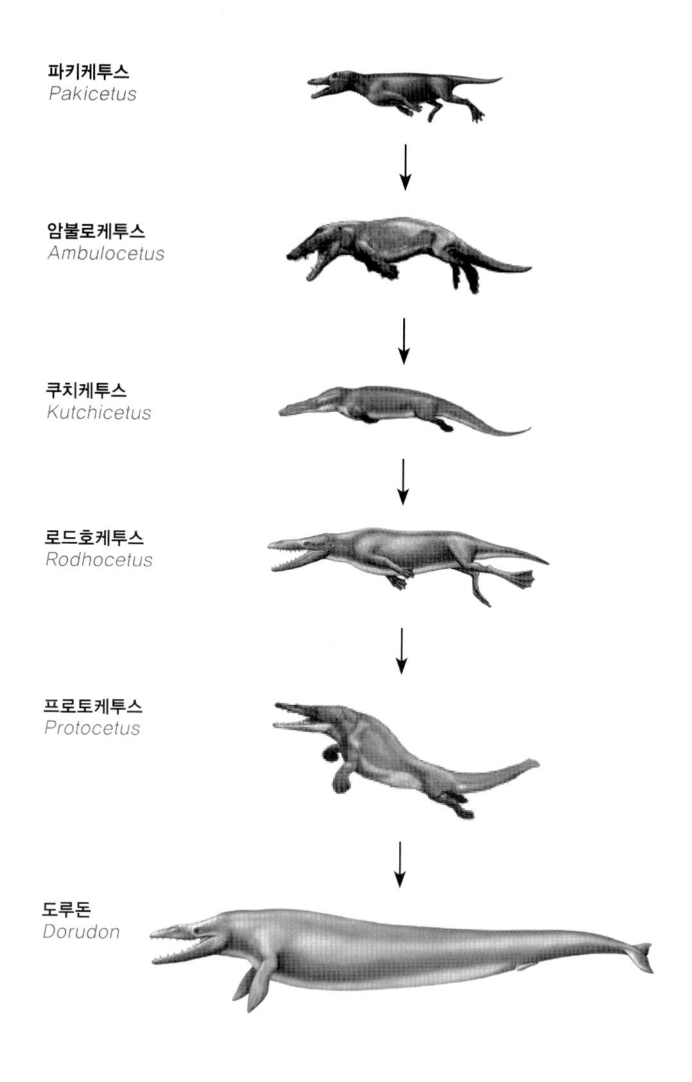
파키케투스
Pakicetus
암불로케투스
Ambulocetus
쿠치케투스
Kutchicetus
로드호케투스
Rodhocetus
프로토케투스
Protocetus
도루돈
Dorudon

고래의 진화 과정

약 3400만 년 전부터 4000만 년 전 사이에는 '도루돈'이라는 5m짜리 원시 고래가 살았는데, 뒷다리는 거의 흔적만 남게 됩니다. 비슷한 시기에는 최고 25m에 이르는 대형 원시 고래 '바실로사우루스'도 살았습니다. 거대한 덩치에 육식성으로 다른 고래류인 도루돈을 잡아먹기도 했습니다. 도루돈과 마찬가지로 뒷다리는 폼으로만 달려 있어, 오늘날의 고래(수염고래와 이빨고래)가 되기 직전 마지막 단계로 추정하고 있습니다.

하지만 이 때의 고래는, 아직 오늘날의 고래에게 볼 수 있는 특징이 별로 나타나지 않았습니다. 임 연구관에 따르면, 고래의 대표적인 특징인 초음파를 낼 수 없었습니다. 초음파를 내는 '멜론'이라는 기관이 화석에 없었거든요. 머리 크기도 작은 것으로 보아, 여러 개체가 어울리는 사회 생활도 못 했을 것으로 추정됩니다. 하지만 바로 이 고래에게서 오늘날 볼 수 있는 다양한 고래가 나타난 것은 분명해 보입니다. 불과 천수백만 년만에, 당신은 육상동물에서 수중동물로 완벽하게 탈바꿈을 한 것입니다.

일단 형태를 갖추자, 당신은 급속히 오늘날의 모습으로 진화했습니다. 그 결과 이빨고래와 수염고래라는 크게 두 가지 고래로 나뉘었습니다. 수염고래는 이빨 대신 '벌린baleen'이라는 일종의 수염을 지닌 고래입니다. 입을 크게 벌려 크릴 등 작은 먹이를 바닷물과 함께 입 안에 가득 머금은 뒤, 수염을 마치 체처럼 써서 물을 걸러 내보내면 먹이만 먹을 수 있지요. 덩치에 걸맞지 않게 작은 바다 생물을 즐기는 고래에게 적합한 섭식 도구입니다. 이빨고래는 뾰족한 이빨이 있는 고래로, 사냥을 통해 어류나 다른 포유류, 심지어 다른 고래를 잡아먹고 사는 고래입니다. 난폭한 사냥꾼 범고래의 경우, '범(호랑이 또는 표범)'이라는 이름에 걸맞게 매우 포악한 집단 사냥을 하고, 밍크고래처럼 자신보다 몇 배 더 큰 고래도 태연히 잡아먹는 위협적인 포식자입니다. 이빨고래는 모두 74종이 있는 것으로 알려져 있습니다. 흔히 '돌고래'라고 부르는 소형 고래 역시 이빨고래에 속하지요. 참, 제가 한 가지 재미있는 사실을 알려 드릴까요? 돌고래라는 이름에도 제가 보인다는 사실이에요. '표준국어대사전'을 찾아보면 돌고래는 이렇게 나와 있어요.

> 돌-고래**03**
> 「명사」『동물』
> 이가 있는 돌고랫과의 포유류를 통틀어 이르는 말.
> ≒강돈·물돼지·진해돈·해돈·해저**02**(海豬).
> 【돌고래 <두시-초> ← 돓 + 고래】

비슷한 말을 잘 보세요. '돈'은 한자로 돼지를 의미해요. 돼지 돈 자죠. '강돈강돼지', '물돼지', '해돈바다돼지'. 온통 돼지라는 말이 붙어 있지요. 심지어 '돓 + 고래'의 '돓'도 옛말로 돼지를 의미한다는 설도 있다고 합니다. 한자문화권은 물론 한국에서도 돌고래는 돼지와 연관이 있다는 사실이 재밌습니다. 고생물학이나 진화에 대해서는 거의 알지 못했던 옛날 조상들도, 알게 모르게 저와 당신 사이의 연관성을 간파했던 게 아닐까요.

고래는 죽어서도 바다를 꿈꾼다

고래와 관련해 제가 또 하나 신비롭게 느끼는 것이 있습니다. 이건 제가 감히 물어봐도 되는 건지 잘 모르겠어요. 조심스럽지만 그래도 마음을 굳게 먹고 말을 꺼내봅니다. 제가 아주 어렵게 이야기를 시작한다는 사실을 알아줬으면 좋겠어요.

바로 당신의 최후에 대해서입니다. 저는 가끔, 물속에서 이뤄질 당신의 자유로운 유영만큼이나 당신의 최후가 궁금하곤 했습니다. 가장 큰 대왕고래는 170톤이 넘는데, 과연 세상을 뜨면(죄송합니다) 어떻게 될까 하고요. 여우나 고양이도 죽으면서 자신의 모습을 다른 동물에게 보이길 꺼립니다. 그게 동물의 본능이지요. 그런데 지구 역사상 가장 거대한 동물인 당신은 도대체 어떻게 할까요. 몸을 숨길까요. 숨기려고 한다면 숨길 곳이 많이 있을까요. 궁금한 것은 또 있습니다. 죽은 뒤 당신의 거대한 육신은 어떻게 될까요. 지상에서라면 미생물에 의해 분해돼 다시 다른 생물에게 생명을 주는 역할을 하겠지만, 과연 깊은 바다 속에서도 그럴 수 있을까요.

사실 궁금해 한 것은 저만이 아닌가 봅니다. 과학자들도, 그리고 아마 뱃사람들도 당신의 마지막이 궁금했을 거예요. 하지만 바다 속을 헤집으며 당신의 마지막 모습을 굳이 따라다니는 일은 쉽지 않았기에, 제가 궁금해 하는 당신의 비밀은 최근까지 밝혀지지 않았습니다.

비밀이 밝혀지기 시작한 것은 1989년이었습니다. 과학지 <네이처>에 짧은 편지 한 장이 실렸지요. 미국의 잠수정 앨빈 호가 깊은 바다에서 생물군을 관찰했다며 그 결과를 알린 편지였습니다. 하지만 예사로운 편지가 아니었습니다. 그 생물군이 번성한 곳이 바로 고래의 사체였거든요. 최초로 보고된 심해 고래 사체였습니다.[4]

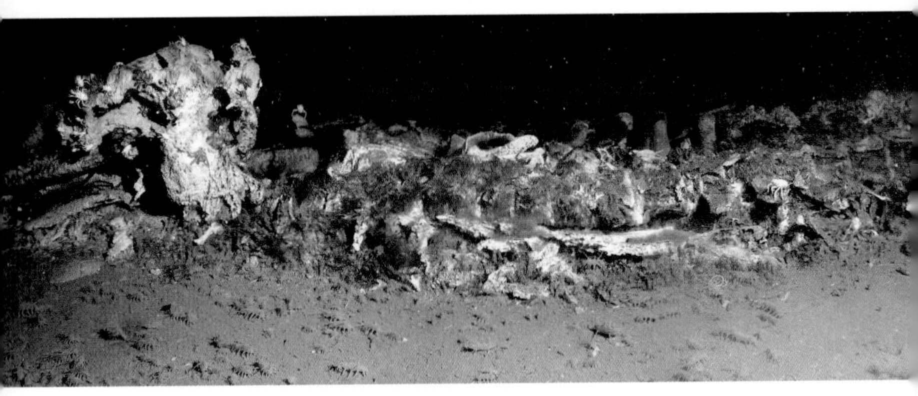

고래 사체

생물군이 번성한 고래 사체는 바다 정원이라고 할 만했습니다. 생물군은 주변에 아무런 생물이 보이지 않는 불모지 한가운데에 자리하고 있었습니다만, 고래 사체 주위에는 척 보기에도 생물들의 천국이 돼 있었습니다. 문제의 지역은 미국 로스앤젤레스 앞바다에 위치한 해저 분지였습니다. 여기에 길이 약 20m 정도의 고래 사체(긴수염고래 또는 대왕고래로 추정됐습니다)가 있었는데, 흰 박테리아가 덩어리를 이뤄 사체를 가득 덮고 있었습니다. 나중에 알았지만, 이런 박테리아는 열수구나 해저 유전 등지에서 주로 볼 수 있는 황박테리아였지요. 뼈를 회수했더니 고약한 냄새가 났다고 하는데, 황화합물 특유의 특징이지요.

여기에서는 홍합이나 조개, 바다달팽이 등의 생물도 발

견됐습니다. 모두 원래 그 장소에는 살지 않는 동물입니다. 그래서 과학자들은 추정했습니다. 원래는 황무지와 같이 척박해서 생물이 살지 못하는 곳이지만, 고래 사체라는 거대한 유기물 덩어리가 떨어지자, 갑자기 바다는 영양분의 축복을 받은 셈이 됐다고요. 당신의 몸은, 불모의 바다 속에 한 덩이 생명의 씨앗이 된 것입니다.

이 분야 연구의 선두주자는 크랙 스미스 미국 하와이대 해양학과 교수입니다. 스미스 교수는 이후 고래 사체 연구에 매진해, 모두 407건의 사체 사례를 연구하고 2003년 논문으로 발표했습니다. 물론 심해에서 고래 사체를 이렇게나 많이 발견한 건 아니고, 혼획混獲 등으로 얻은 고래 사체를 일부러 연안에 빠뜨린 뒤 몇 개월 또는 몇 년 동안 관찰하는 방식이었습니다.

그렇게 관찰한 결과 몇 가지 사실을 알게 됐는데, 당신의 몸이 심해에 만드는 바다정원은 모두 세 단계를 거친다는 사실이 그 중 하나였습니다.[5]

당신은 고개를 돌리고 싶겠지만, 그래도 매우 중요하니 하나하나 보겠습니다. 당신이 죽어서 가라앉으면, 제1단계에 돌입합니다. 상어나 먹장어, 줄민태 등이 찾아와 살점을 먹어치우는 단계입니다. 스미스 교수는, 빠를 때는 당신의 몸이 하루 50kg씩 사라진다고 설명합니다.

1~2년 정도 지나면 몸의 부드러운 조직은 거의 사라집니다. 이 때가 되면 당신은 뼈만 남게 되겠지요. 지상에서라면, 뼈는 오래 분해되지 않고 남아 몇십 년 때로는 몇백 년 뒤에도 발견될 것입니다. 하지만 바다는 다릅니다. 워낙 척박하기 때문에, 당신의 뼈에 담긴 얼마 안 되는 영양분이라도 빨아먹지 않으면 안 됩니다. 더구나 고래 당신의 뼈는 지방질이 매우 풍부합니다. 크리스핀 리틀 영국 리드대 고생물학과 교수가 2010년 과학잡지 <사이언티픽 아메리칸>에 기고한 글에 따르면, 몸무게 50톤짜리 고래의 뼈에 들어 있는 지방의 양은 2~3톤에 이른다고 합니다. 당신의 뼈의 단면을 보면 거무스름하다는 사실을 알 수 있는데, 지방질이 풍부하기 때문입니다. '오세닥스'라는 무척추동물이 바로 당신의 뼈를 노리는 대표적인 동물입니다. 지구의 다른 곳에서는 볼 수 없기 때문에 고래 사체 연구 중에 신종생물로 발견됐습니다. 오로지 뼈의 성분만으로 살기 때문에 다른 기관은 퇴화하고, 뼈에 깊이 뿌리 박을 수 있도록 변한 기이한 모습을 하고 있습니다. 식물처럼 보이기도 하지만, 엄연한 동물입니다. 이 동물에게는 '좀비벌레'라는 기분 나쁜 별명이 붙었습니다. 당신의 뼈를 탐한다니 흉한 별명을 얻는 것도 당

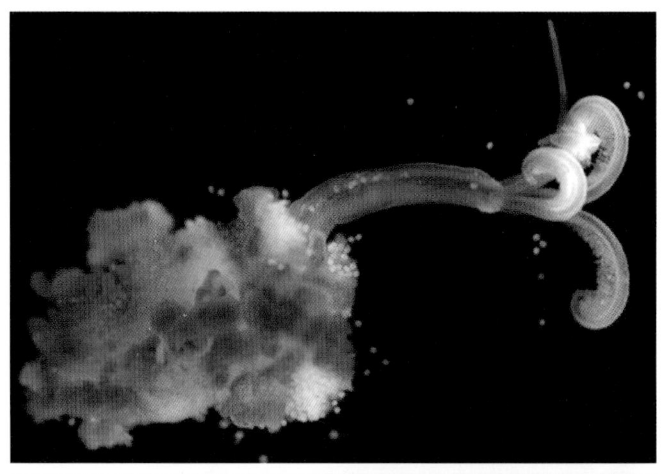

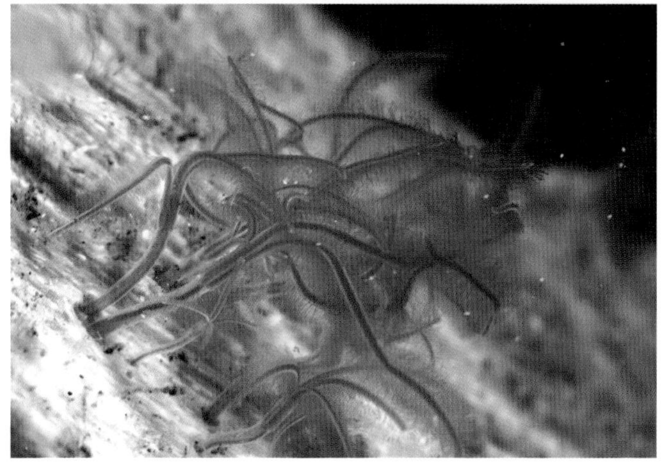

좀비벌레 오세닥스

연하다는 생각이 들지만, 당신은 너그러운 마음으로 이들을 품을 것을 압니다. 당신의 몸을 황무지에 던지는 보살 같은 마음의 소유자니까요.[6]

좀비벌레 오세닥스가 활동하는 시기는 길어야 2년 정도입니다. 이제 당신의 몸이 바다 생태계에 공헌하는 시간은 끝난 걸까요. 아닙니다. 이제부터가 당신의 진정한 시대가 열리니까요. 마지막으로 당신의 사체는 뼈에 남은 지방을 분해하는 황박테리아의 차지가 됩니다. 처음 스미스 교수가 고래 사체를 끌어 올렸을 때 관찰했던 그 박테리아들입니다. 이들은 길게는 100년까지 견디며, 무無의 바다를 생명이 만발한 정원으로 바꿉니다.

고작 고래 한두 마리로 드넓은 바다에 생명을 준다고 표현하는 건 너무 과하다며, 당신이 손사래(아니, 지느러미 사래라고 해야 하나요)를 치는 모습이 보이네요. 겸손한 고래 씨 당신답습니다. 하지만 당신도 모르는 게 있습니다. 당신은 생각보다 바다에 많이 살고 있다는 사실입니다. 당신은 도처의 바다를 누비고 있고, 안타깝게 유명을 달리하는 고래도 많습니다. 국제포경위원회가 추정한 자료를 바탕으로 계산해 보면, 대왕고래, 혹등고래 등 가장 거대한 덩치를 지닌 고래 9종만 해도 매년 6만 9000마리가 죽어 가라앉습니다. 이런 고래 한 마리가 평균 100년씩 바다 정원을 이루고 있습니다. 스미스 교수는 이를 바탕으로, 전 세계 바다에는 매 순간 적어도 69만 마리의 고래가 있어 바다정원을 일구고 있다고 추정했습니다. 이것도 고래의 개체수가 많이 줄어든 현재의 이야기입니다. 고래가 훨씬 많았던 옛 시대에, 당신은 바다를 위해 더욱 많은 공헌을 했겠지요.

이렇게, 당신은 죽어서도 바다에 돌아갑니다. 몸을 마지막으로 바다에 던지는 당신을 생각합니다. 육지라고는 보이지 않는 대양 한가운데에서 당신은 홀로 최후를 맞을 것입니다. 수면 위로 분기공을 내밀고 마지막 숨을 내쉽니다. 그 잠깐 동안 본 별빛이, 바로 당신이 본 생애 마지막 빛일 것입니다. 꼬리 지느러미가 힘을 잃는 순간, 큰 덩치가 균형을 잃고 천천히 바다 한가운데로 가라앉을 것입니다. 별빛을 담았던 당신의 눈도 투명함을 잃고 서서히 흐려질 것입니다. 심연은 어둡습니다. 수십 년 동안 누비던 생활의 터전이자 태어난 고향이지만, 그런 암흑은 당신에게도 처음일 것입니다. 4000m 혹은 그 이상으로 깊은 심해저까지 가라앉는 시간은 영원보다 길 것입니다. 그렇게 돌아간 바다에서, 당신은 다시 바다가 됩니다.

사라져가는 고래를 위하여

고래는 멸종할까요. 현재 고래는 많이 줄어들고 있습니다. 임종덕 연구관에 따르면, 신생대 마이오세에 이빨고래는 지금보다 두 배 이상 종이 다양했다고 합니다(161종). 이 말이 의미하는 바는 무엇일까요. 고래의 다양성이 줄어들고 있다는 뜻이지요. 다양성뿐만이 아닙니다. 개체수도 급감했습니다. 고래 가운데 가장 커다란 대왕고래는, 한창 번성할 때 전 세계에 무려 20만~30만 마리까지 살았던 것으로 추정되고 있어요. 몸무게가 최고 170여 톤에 이르는 거대 포유류가 이렇게 많이 바다를 헤엄치고 살았다니 같은 지구의 구성원으로서 바다의 거대함이 새삼스럽기까지 하네요. 하지만 지금 현실은 어떤가요. 요즘 대왕고래의 개체수는 한창 때의 수십분의 1 정도에 불과합니다. 2000년대 초반 조사에서는 많아야 1만 2000마리 있다는 결과가 나왔습니다. 원인은 당연히 남획과 혼획입니다. 고래가 바다에서 낚는 '로또' 취급을 받은 역사가 한두 해인가요. 가깝게는 '고래사냥' 노래와 허먼 멜빌의 소설 《모비딕》부터, 멀리는 수천 년 전 울산 반구대 암각화에 남은 고래 사냥과 해체 작업 그림에 이르기까지, 인류가 고래를 잡은 역사는 길고 깁니다.

작고 힘없어 보이는 인간이지만, 동물에게는 전능한 신과 같아요. 저 같은 돼지는 가둬놓은 채 먹이고 키우며 가혹하게 다루고, 당신 같이 커다란 동물은 멸종에 이르도록 잡아들이지요. 생태계를 뒤바꾸는 잔혹하고도 놀라운 능력에 그만 아연해집니다.

그래도 당신이 인류를 미워만하지는 않았으면 좋겠습니다. 당신을 보호할 노력을 아주 하지 않는 건 아니니까요. 혼획을 방지하기 위한 대책도 여럿 논의되고 있고, 요즘은 전통적으로 고래를 주식으로 할 수밖에 없던 일부 사람들을 제외하고는 포경도 자제하는 분위기예요. 물론 일본을 중심으로 아직도 과학적 포경이라는 애매한 이유로 예외를 인정하는 곳도 있지만요.

당신은 상당한 지능이 있습니다. 과학자들이 꼽는, 영장류 못지않은 지능이 있는 대표적인 동물이 바로 당신이죠. 초음파를 이용해 대화를 하고 무리를 이루며, 그 안에서 '나' 자신을 인지합니다. 고유한 신호(자신을 일컫는 이런 신호를 '시그니처 콜' 또는 '시그니처 휘슬'이라고 합니다)로 자신을 표현할 수도 있습니다. 범고래처럼 가족애가 깊은 종도 많고, 큰돌고래처럼 사람과 교감하길 좋아하는 종도 많습니다. 이런 고래를 더는 잔혹하게 죽이거나, 사로잡아 기르지 말자는 공감대가 넓어지면 좋겠네요.

당신은 바다를 꿈꿨습니다. 5500만 년 전, 뭍에서 앞에 펼쳐진 드넓은 물을 바라보며 수억 년 전 살던 바다로 돌아가는 꿈을 꿨고, 공연장에 갇힌 공연 돌고래 신세로 옛날 친구들과 찾던 바다를 꿈꾸기도 했습니다. 그리고 마지막 숨을 거두는 순간에는, 칠흑 같이 깊은 바다로 가라앉으면서 바다 자체가 될 꿈을 꿨습니다. 100년을 지속하며 뭍 생명의 근원이 될 바다 정원이 되는 꿈 말이지요.

하지만 그런 당신의 꿈은 지금 서서히 위협받고 있습니다. 원인은 모릅니다. 바다가 더이상 포유류가 살기에 적합하지 않은 곳이 됐을지도 모르고, 기후가 변해가고 있는지도 모릅니다. 인류의 가공할 사냥도 긴 원인 목록 중 한 줄을 차지하고 있겠지요.

반 억 년 이어온 당신의 꿈이 사그라들지 않기를 두 발굽 모아 빌어봅니다. 저의 꿈, 저의 자유를 대신 간직한 당신이 번영하기를, 진화적 성공을 이어나가기를요. 저는 누구보다 간절히 기원합니다, 5500만 년 전 헤어진 먼 친척으로서, 당신이 행복하기를요.

돼지 올림.

고래의 대양, 돼지의 대지

p.s. 사실 당신의 몸이 바다정원을 이룬다는 말은, 제겐 부러울 뿐입니다. 당신의 육신이 칠흑 같이 어두운 물 속으로 추락하고, 그 안에서 100년 동안 뭇생명의 몸이 된다는 사실은 숭고하게 느껴지기까지 합니다. 그에 비하면 제 몸은 어떻던가요. 저 역시 살점을 내어 줘 누군가의 소중한 몸이 되고 생기가 된다는 점은 알고 있습니다. 하지만 때로는 제 스스로 생명을 부지하지 못하고 때 이른 최후를 맞이할 때도 있다는 사실이 무척이나 서글프고 안타깝습니다. 무엇보다 그런 삶을 택할 자유가 제게는 없다는 사실이 저를 무기력하게 하는군요. 공장식 사육에 대한 이야기를 하려는 것은 아닙니다. 이미 널리 알려져 있고, 이 책의 주제에서도 한참 벗어나는 주제니 생략하는 게 맞겠지요.

지난 2010년 말부터 2011년 초까지 한반도를 휩쓸었던 구제역 사태를 기억하시지요. 당시 저는 이 땅의 산하 곳곳에 묻혔습니다. 적은 곳은 수십 마리가 밭 몇 뙈기 넓이의 땅에 묻히기도 했습니다만, 많게는 수천, 수만 마리가 넓은 둔덕 여러 곳에 나뉘어 묻힐 정도로 규모가 크기도 했습니다.

커다란 구덩이를 판 뒤 비닐하우스용 비닐을 한두 장 깔고, 거대한 크레인으로 우리의 사체를 무더기로 쓸어 넣던 광경이 당시 언론에 사진과 영상으로 자주 소개됐습니다. 대개는 과학적인 방법을 사용해 이미 목숨이 끊긴 '인도적인' 상태에서 묻혔다지만, 수백만 마리나 되는 생명이 일시에 묻히는 데 예외가 왜 없었겠어요. 산 상태로 몸부림치며 땅 구덩이에 쏟아져 들어간 우리는, 고래 당신처럼 그 어떤 생명에게도 힘이 되지 못한 채, 그저 하나의 육신 덩어리로서 제대로 썩지도 못한 채 스러져 가야 했습니다. 시신이 땅에서 썩는 데에는 미생물이 큰 일을 하고, 이런 미생물도 생명의 중요한 구성원이라는 사실을 제가 모르는 것은 아닙니다. 하지만

구제역 매몰지

무더기로 땅에 묻힌 우리는 그 미생물에게조차 선택되지 못하는 경우가 허다했습니다.

구제역 매몰지는 3년 동안 관리하도록 정해져 있습니다. 파동 뒤 3년이 지난 후 나온 일부 언론 보도를 보면, 일부 매몰지에서는 미처 썩지도 못한 우리의 살점과 뼈가 나왔다고 합니다. 이미 매몰 당시에, 우리를 파묻을 때 같이 묻는 생석회가 토양의 산성도를 바꿔서 미생물의 활동을 방해하기 때문에, 제대로 사체를 분해할 수 없을 거라고 예측한 과학자도 있었습니다만(<과학동아>가 당시 단독으로 보도해 작은 파문을 일으켰습니다), 진실은 길고 끈질긴 조사와 연구를 한 뒤에야 알 수 있겠지요.[7]

아무튼, 분해자라는 미물에게조차 선택받지 못하고, 밭에 터를 잡고 살고 있는 다른 동식물의 생명이 돼 주지 못한 미안함, 이 지구에 태어나 모든 생명이 공유하는 신비로운 생태계의 순환에 참여하지 못한 슬픔은 도대체 어떻게 표현해야 좋을지 모르겠습니다. 사람들은 간혹 농담으로 '방부제가 많이 들어간 식품을 먹으면 죽어서 시신도 썩지 않을 것이다'라는 말을 한다던데, 우리 돼지들에게는 그런 말이 결코 농담으로 들리지 않는답니다.

다행히 2010~2011년의 구제역은 잦아들었고, 이후 아직까지는 광범위한 구제역이 나오지 않았습니다. 하지만 그 때의 사건은 많은 의문과 논쟁을 불러 일으켰지요. 과연 우리는 모두 당연한 듯 죽어야 마땅했을까요. 죽지 않고 그대로 살 수는 없었을까요. 당시 과학자와 과학사학자 중 일부는 분명한 목소리로 구제역은 치료가 가능한 병이며, 우리는 국가가 택한 정책에 따라 (불필요하게) 몰살됐을 뿐이라고 말했습니다. 당시 김선경 서울대 보건대학원 연구원은 구제역에 걸린 소는 감기처럼 조금 앓고 나면 나을 수 있다고 말했습니다. 굳이 몰살까지 시켜가면서 전염을 막아야 할 중병이 아니었다는 것이지요. 구제역을 예방할 백신도 이미 수십 년 전에 개발돼 있었으며, 유럽에서는 광범위하게 접종해 병의 유행을 막아온 전례도 있습니다(19세기부터 구제역 유행으로 고생해 온 유럽은, 백신 덕분에 20세기 후반에는 큰 구제역 발발 없이 보낼 수 있었죠).

하지만 갑자기 상황은 변했습니다. 백신을 더는 맞히지 말자는 정책이 유럽을 강제하기 시작했고, 그 대안으로 감염을 차단할 살처분 방식이 구제역 대응책의 '표준'으로 자리잡기 시작했습니다. 하지만 이 과정은 그다지 합리적인 고찰에 의한 것이 아니라는 지적도 있습니다. 2012년 2월 한국을 방문하기도 했던 구제역 전문가 애비게일 우즈 영국 킹스칼리지런던 교수는 "구제역은 (인간에 의해) 만들어진 병"이라고 단언했습니다. 저의 혼령은(그래요, 저는 이미 그 당시에 어딘가에서 파묻혔답니다. 저는 육신이 없어요) 우즈 교수가 발표를 하던 그 장소를 생생히 기억해요. 차분하면서도 확신에 찬 어조로, 그는 구제역 대책에 의문을 표시했습니다.[8]

우즈 교수의 저서 ≪인간이 만든 질병, 구제역≫에는 그런 그의 생각이 더 구체적으로 제시돼 있습니다. 그에 따르면, 구제역이 무서운 병이라는 인식 자체가 "빅토리아시대 후반 영국이라는 특정한 시기와 장소에 국한된 것"이었습니다. "따라서 다른 시기, 다른 장소에서 구제역을 경험한 사람이 (구제역의 위험성에 대해) 매우 다른 결론에 도달하는 것은 당연한 일"이었죠. 하지만 구제역이 대단한 가축병이라는 공포심이 제기된 이상, 이를 이용한 가축 살처분법이 영국에서 표준적인 대응 정책으로 자리잡는 것은 시간문제였습니다. 심지어 이에 의문을 제기하는 사람의 주장은 대부분 매도되거나 묵살돼 버렸지요.

> 언제나 국가를 구제역 청정 지역으로 유지하는 것이 최선이라고 확신했던 농업 및 수의학 관료들의 권한 및 행동에서 그 답을 찾아야 한다고 믿는다. (...) 국내적으로는 비판자들을 배제하고 전국농민연합 등 자신을 지

지하는 영향력 있는 단체와 쉽게 연합할 수 있는 방향으로 정책 결정 과정을 재정립할 수 있었다. 그들은 도살정책의 이점과 백신의 단점을 과장했으며, 정책 변경을 요구하는 사람들을 부도덕하고 이기적이라고 매도했다. 문제가 될 수 있는 정보는 공개하지 않고 감출 수 있었다.

– ≪인간이 만든 질병, 구제역≫, 234쪽

대안이 되는 정책(백신에 의한 예방책 등)이 학자나 현장의 농장주들에 의해 제기되거나 시행된 적이 없는 것은 아닙니다. 하지만 유럽의 경제권 단일화 논의 과정에서 영국이 내세운 주장에 의해(대표적인 이유는 살처분 정책의 '경제성'이 높다는 점이었지요), 그리고 별로 합리적이지 않은 각국의 의사결정 과정에 의해 현재의 구제역 살처분 정책은 세계의 구제역 표준 대응 정책이 됩니다. 이 얼마나 신통치 않은, 갈팡질팡하는 역사인가요! (역사는 많은 경우 이렇게 농담처럼 흘러가지요. 소설가 밀란 쿤데라가 저 돼지에게 관심을 가졌다면 틀림없이 ≪농담≫이라는 소설의 속편은 저를 주인공으로 했을 거라고 믿어요!)

1973년 영국, 덴마크 및 아일랜드가 유럽경제공동체에 합류하면서 이 정책(프랑스, 독일 등이 시행하던 백신 접종 정책)에 의문이 제기되었다. 기존 회원국들은 모두 일정 형태의 구제역 백신을 사용하고 있던 반면, 이 세 나라는 모두 도살 정책을 사용하면서 구제역 보균 또는 감염 은폐에 대한 우려 때문에 백신을 접종한 가축의 수입을 금지했던 것이다. (...) 두 나라(영국과 아일랜드)는 모두 감염국 또는 백신 접종국으로부터 식육 및 가축 수입을 제한하는 캐나다, 오스트레일리아, 뉴질랜드, 미국 등 구제역 청정국으로의 수출에 지장을 초래할까 우려하여 유럽경제공동체 규정의 채택을 꺼렸다. 따라서 기존 유럽경제운동체 회원국들은 영국, 아일랜드 및 덴마크의 기존 구제역 통제 정책을 유지할 수 있도록 특별 회의 규정을 마련하는 데 동의했다. (...) 머지않아 교역 장벽을 허물고 '공통의 시장'을 재화와 서비스, 인력과 자본이 자유롭게 이용하는 진정한 단일 시장으로 만들고자 하는 유럽경제공동체의 목표와 상충하는 구제역 통제 정책을 개정할 필요가 대두되었다. 또한 유럽연합 EU(1993년 출범 예정이었다)으로 이행을 앞둔 시점에서 EUFMD 역시 그 위상을 다시 고려할 필요가 있었다. 결국 EUFMD는 대량 접종을 계속할 경제적 명분이 없으며, 각 회원국은 이를 포기하고 도살정책을 채택해야 한다고 결론을 내린다.

－ 《인간이 만든 질병, 구제역》, 213~214쪽

이런 정책의 끝이요? 한참 동안 유럽에는 과거와 같은 대규모 구제역이 없긴 했어요. 하지만 아무리 울타리를 쳐놓은들, 바이러스가 국경에서 멈추던가요. 검색대 앞에 서면

"삐- 당신은 바이러스이므로 통과할 수 없습니다. 당장 그 돼시의 몸에서 나와 주세요." 이런 말이 나오던가요. 세계는 점점 교역이 활발해졌고, 다른 대륙에서는 구제역이 발생하고 있었습니다. 유럽이 아무리 내부를 청정하게 유지하려고 해도, 뜻대로 되기 힘든 상황이었지요. 2000년이 될 즈음, 유럽의 과학자들도 이 사실을 경고하고 백신 접종 정책 시행을 건의할 정도였습니다. 특히 과거와 달리 백신 기술이 발전해, 훨씬 효과가 크고 과거와 달리 진짜 병에 걸린 가축과 백신을 맞은 가축을 구별할 수도 있다고 주장했지요.

> 이렇듯 새로운 상황은 질병 예방 및 통제 방법의 재평가를 요구했다. 수석수의관을 비롯한 영국 국립수의국 직원들은 1993년 마련된 비상 구제역 통제 계획을 개정해야 할 필요성을 느끼고 있었지만, 농수산식품부에서는 이를 시급한 문제라고 생각하지 않았다. 무엇보다 우형해면상뇌병증(광우병)과 돼지열 때문에 다뤄야 할 문제가 너무나 많았던 것이다. 사실 그들은 30년 간이나 본토에서 발생하지 않았던 질병에 시간을 할애할 필요성을 느끼지 못했고, 유럽과 남미에서 실질적으로 자취를 감춘 구제역이 영국에서 다시 나타난다는 것은 가능성이 극히 낮다고 생각했다.
>
> – 《인간이 만든 질병, 구제역》, 219쪽

물론 사람이 언제나 모든 상황에 대비할 수는 없겠지요.

정부도 일의 우선 순위를 세워 일할 수밖에 없었을 거예요. 당시로서는 최선이라고 할 수 있겠지요. 하지만 결과론적인 이야기지만, 영국은 2001년 다시 한번 극도의 구제역으로 고통을 받았습니다. 불쌍한 영국의 제 친구들은, 자신이 구제역에 걸렸는지 아닌지도 모르는 상태로 구덩이에 묻혔습니다.

또 한 가지 아쉬운 점이 있습니다. 아까 구제역 파동이 있고 3년 뒤, 매몰지에서 썩지 않은 살점이 나왔다는 보도가 있었다고 했죠. 일부 과학자의 예측과도 일치하고요. 다른 매몰지는 어떨지 궁금해 몇몇 지역의 환경운동 활동가들을 대상으로 탐문을 해본 적이 있습니다. 안동, 화성, 여주, 서울 등 여러 곳의 활동가들은 이미 매몰지에서 관심이 떠나 있는 듯 했습니다. 과학자들 역시 특별한 언급은 없었습니다. 당연합니다. 이 활동가들은 맡은 임무를 아주 열정적으로 수행하고 있는 존경스러운 분들입니다. 다만, 국내외에서 감시해야 할 환경 이슈가 너무나 많지요. 인력은 부족하고 할 일은 많으니, 여러 해 전에 지나가 거의 잠잠해진 일까지 내내 붙들 수는 없을 것입니다. 앞서 인용한 영국국립수의국의 직원들처럼요. 유례 없었던 국가적인 사태에 대해 여러 분야 사람들이 조금은 더 긴 안목으로 살펴보고 연구한다면 어떨까, 아쉬웠습니다. 정말 구제역에 살처분, 매몰 정책으로 일관해야 했을지, 다른 수의학적 대안은 없었을지, 하다못해 좀더 인도적인(그런데 우리 돼지에게 인도적人道的이라고 하니 이상하군요. 사람 못지 않게 도리를 다해 대해 준다는 뜻으로 생각해 주세요) 살처분 및 매몰 방식은 없었을지 연구할 게 참 많았을 것 같은데요. 우리를 전염병에 꼼짝 못하게 만들었던 공장식 대량 사육 방식이나, 나아가 육식 같은 묵직한 주제의 논의도 더 활발히 나올 기회였는데 말이지요. 앞으로 같은 사태가 나면 당장 어떤 식으로 대응해야 과거의 비극을 되풀이하지 않을지도요. 우리는 교훈을 얻었을까요. 물론, 언론 역시 끝까지 함께 하지 못한 책임에서 결코 자유로울 수는 없을 것입니다.

친애하는 고래 씨, 당신의 이야기에 귀 기울여보자고, 제 입으로 한 번 아름답게 들려주자고 시작한 편지가, 결국 갑갑하디 갑갑한 제 이야기로 끝을 맺고 말았습니다. 제 한 몸 자유롭자고, 좀 더 편하게 살자고 한 말이 아니라는 것을 아실 것입니다. 가축으로서 잃어버린 자유와, 자신의 몸임에도 잃어버린 주인된 자로서의 권리에 대해서였습니다. 저나 제 주변의 돼지에 머무르는 사사로운 이야기가 아님을 당신은 알 것입니다. 동물 전체에 대한 이야기로 언제든 확장

될 수 있는 이야기임을, 동물의 '주인'을 자처하는 인간에 의해 언제든 당신의 자유 역시 제한될 수 있음을 부르짖는 말임을 이해할 것입니다. 물론 나아가서는 역시 생태계의 구성원이자 '동물의 왕국'의 일원인 인간 자신도, 자신이 동물에게 씌운 족쇄의 운명에서 벗어나지 못할 가능성도 있지요.

따지고 보면 당신 역시 사람에 의한 남획과 혼획의 역사에서 자유롭지 못합니다. 대양을 누빌 수 있는 태초의 자유를 유지하는 대가로, 당신은 인간이 도전하고 압도해야 할 대상, 거대하고 생명력 넘치는 자연의 상징이 되었습니다. 그리고 그 결과, 당신 역시 바다의 정원이 되지 못하고 육지에서 갑작스레 삶을 마감하는 일이 늘었습니다. 우리 사이에는 작은 간극만이 있을 뿐입니다. 저와 당신의 운명은, 5500만 년의 긴 시간을 돌아왔음에도 크게 달라지지 않았는지도 모릅니다.

그래도 저는 포기하지 않고 기다립니다. 당신의 고래 방송을요, 그 꿈을요. 접히고 찌그러진 채 좁은 우리 바닥에 모로 깔려 있는 제 귀에 희미하게 울려 퍼질 그 태초의 소리를요. 저는 그 소리가 당신만이 느낄 자유와 속박의 기쁨으로 가득차 있기를 바라요. 자유는 온전한 제 생태계 안에 사는 자가 누릴 수 있는 몸의 해방감이고, 속박은 그 자유가 오직 지구의 바다 안에서만 주어진다는 한계를 인지한 자의 겸허한 자기 인성입니다. 그 한계와 속박의 구석구석을, 당신은 다만 누릴 것입니다.[9]

"세인트루이스에 대를 이어 건설된 상징 두 가지는 우리 세기의 세월이 어떻게 흘렀는지를 전형적으로 보여준다. 그 하나인 사리넨의 장엄한 아치는 티끌하나 없이 번쩍거리며, 천국까지 닿을 듯 미시시피 강에서 솟아오른다. 이와 대조되는 세인트루이스의 더 오래된 상징은 아직도 포리스트파크의 미술관 앞에 서 있다. 프랑스 왕들 중 유일하게 시성된 왕이자 이 도시 이름의 기원인 루이 9세의 기마상인데, 이것은 티끌 하나 없는 것과는 거리가 멀다. 도시 더럽히기의 일등 공신인 비둘기들 때문이다."

– 스티븐 제이 굴드 에세이
'흠 없는 비둘기가 죄 많은 마음에 알려주는바' 부분[1]

비둘기 아저씨께

책 한 권을 읽다가 안타까움에 수면에서 몸을 뒤집어 고래치기를 한번 했어요. 지나가던 물범이 왜 몸부림을 치냐고 하기에, 비둘기 아저씨가 너무 억울할 것 같아서 그랬다고 하니, 물범이 도통 모르겠다는 표정을 짓더군요. "걔네는 한국에서도 유해야생동물로 지정된 지 몇 년 됐다던데?"라며 약간 빈정대는 말투로 반문도 했고요. 그래서 더 속이 상해서 고래치기를 연거푸 두 번 했더니, 물범이 화를 내고 가버렸습니다. 딱히 물범에게 퍼부을 생각은 없었는데, 아무래도 오해를 했나봐요.

비둘기 아저씨, 오랜만이에요. 저 고래예요. 아저씨는 요즘 힘들다면서요? 변덕스러운 사람들 때문에 속이 부글부글 끓는다는 이야기를 들은 기억이 납니다. 사람에게는 별 관심 없이 바닷가 절벽이나 바위 위에서 잘 살던 당신을, 사람들은 굳이 도시로 데려와 키웠지요. 그런데 애지중지 키우던 때는 언제고, 이제는 도시에 너무 많아졌다는 이유로 혐오동물 취급을 하고 있어요. 급기야 한국에서는 2009년 6월, 유해야생동물로 지정되기에 이르렀고, 물범 말대로 인기 없고 불결한 동물로 공인됐지요(유해야생동물 항목에 뭐라고 돼 있는지 아세요? '일부 지역에 서식밀도가 너무 높아 분변糞便

및 털 날림 등으로 문화재 훼손이나 건물 부식 등의 재산상 피해를 주거나 생활에 피해를 주는 집비둘기'). 1990년대 후반에 나온 인기 음악 밴드 '언니네 이발관'의 1집 제목은 '비둘기는 하늘의 쥐'예요. 서울에 살지 않았던 이 편지의 대필자는 당시 서울로 대학을 가서 그 음반을 처음 접했는데, 도대체 무슨 뜻인지 이해를 못했다고 해요. 살던 도시에서는 비둘기를 그리 흔히 보지는 못했으니까요. 그런데 서울 거리에서 음식물 쓰레기를 파헤치는 비둘기의 모습을 보고 충격을 받고는 이내 깨달았지요. 알고 보니 욕이더라고요. 비둘기보고 쥐 같다고 하는 것이니… 이거 비둘기가 기분 나빠해야 하나요, 쥐가 기분 나빠해야 하나요. 웃어야 하나요, 울어야 하나요…. 유해동물로 지정된 한국에서만이 아니에요. 굴드의 1991년도 에세이에서도 이미 '도시 더럽히기의 일등 공신'이라고 불리는 걸 보니, 세상 여러 곳에서 공통으로 오명을 뒤집어 쓰고 있는 게 아닌가 싶어요. 세상이 많이 변했네요. 19세기만 해도 나름 영국 상류사회에서 엄청난 인기를 끌던 애완동물이었는데 말이에요. 격세지감이 느껴지시겠어요.

이쯤에서 아저씨의 이름을 둘러싼 혼란을 하나 정리하고 넘어가야겠어요. 사람들이 이야기하는 비둘기에는 여러 가지 새가 뒤섞여 있거든요. 우선, 도시에서 볼 수 있는 비둘기는 대부분 '바위비둘기'예요. 바로 아저씨가 속한 종이 시요. 색이나 무늬에 변이가 많긴 하지만, 대개 회색 몸에 날개 부분에 두 줄의 검은 무늬가 있는 게 특징이지요. 목 주위에는 녹색과 보라색을 띠는 오묘한 금속 느낌의 색(이렇게 미세한 분자구조에 빛이 비치면 생기는 금속성 색을 구조색이라고 합니다. 풍뎅이나 나비의 오묘한 색이 대표적인 예예요)이 비치는데, 꽤 우아하고 상서로운 색임에도 사람은 아무도 그렇게 생각해 주지 않는 것 같군요. 이 비둘기는 정확히는 유럽 남부와 아프리카 북부 등 지중해 연안에 살던 '야생' 바위비둘기가 사람에 의해 사육돼 '집비둘기'가 됐다가, 다시 우여곡절 끝에 도시에 재정착해 세계 전체로 퍼진 새입니다. 정리하면 야생 바위비둘기가 사육돼 집비둘기가 됐고, 그 집비둘기가 다시 야생 상태(주로 도시)로 빠져 나가 적응한 게 바로 우리가 도시에서 보는 바위비둘기예요. 영어로는 야생 바위비둘기rock dove 또는 rock pigeon와 도심에서 우리가 보는 바위비둘기feral pigeon를 따로 구분해 표현하는데, 한국어로는 그냥 바위비둘기라고만 표현할 수 있습니다. 야생생물 보호 및 관리에 관한 법률이나 환경부 등의 공식 문서에는 집비둘기라고 돼 있는데, 어느 쪽이든 같은 대상을 일컫는다고 보면 큰 문제는 없을 것 같아요.

바위비둘기(집비둘기)

집비둘기는 야생종의 재배종이라는 뜻에서 *Columba livia domestica*라고 부르기도 해요(아종). 하지만 다시 야생으로 돌아와 원래의 야생 바위비둘기와는 구분조차 할 수 없을 정도로 섞인 걸 보니, 그냥 바위비둘기와 함께 모두 한 종이라고 보는 게 맞을 것 같아요. 바위비둘기는 전 세계로 퍼져서, 이탈리아 산마르코 광장 앞에서나 런던 트라팔가 광장에서나, 위의 굴드 에세이에 나온 미국 세인트루이스의 루이 9세 조각상 위에서나, 한국의 광화문광장에서나 똑같이 볼 수 있는 새가 됐지요. 엄청난 적응력이군요!

참고로 비둘기과에는 바위비둘기 말고도 꽤 많은 친척 비둘기들이 있어요. 310종 가까이 되지요. 한국에도 멧비둘기 등 5~6종이 살고 있습니다(불쌍한 아저씨의 친척 멧비둘기도 일찌감치 유해동물로 지정돼 있지요). 과거에는 비둘기과에

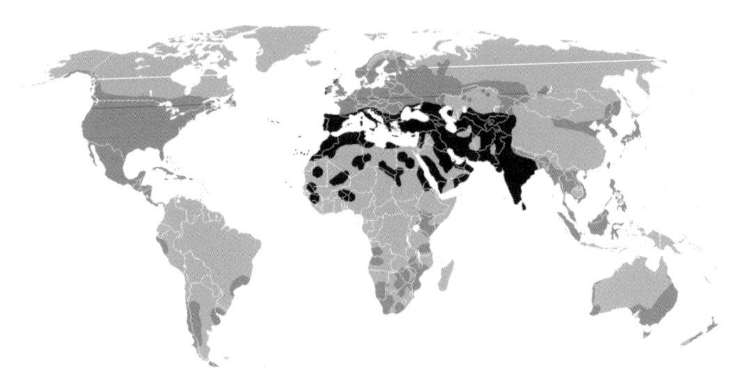

바위 비둘기 분포도

도도새

좀 더 많은 종이 있었는데, 사람 때문에 멸종해 줄어들었다고 해요. 대표적인 게 멸종의 대명사인 '도도새'와, '나그네비둘기'라는 북아메리카의 야생 비둘기예요. 도도새는 말할 나위도 없는 유명한 멸종 사례지요. 도도는 인도양의 섬모리셔스 섬에 살던 날지 못하는 대형 새였어요(몸무게가 어린아이 한 명 무게 정도였어요). 사람이 없던 곳에서 살아서인지 사람을 두려워하지도 않았고(지금의 비둘기들도 그렇지요!) 날지도 못해, 16세기 말부터 섬을 찾은 유럽의 선원들에게 속수무책으로 사냥당했어요. 덩치도 크고 도망도 안 가거나 못 가니, 그보다 쉽게 잡을 수 있는 사냥감이 어디 있겠어요. 사냥뿐만이 아니에요. 유럽인들은 숲을 베어냈고, 이들이 들여온 개나 마카크 원숭이 등의 새로운 동물은 도도새의 둥지를 훼손

했어요. 또 새로 온 사람과 동물이 섬 안에 있는 자원을 놓고 도도와 경쟁을 했죠. 모리셔스 섬은 면적이 서울시의 세 배나 되는 비교적 큰 섬이었는데, 동물과 사람이 늘어난 데 비해 자원은 한정돼 있었으니 다른 수가 있었겠어요. 결국 그 중 가장 무방비 상태였던 도도가 멸종하게 됐지요. 이 멸종 이야기는 꽤 극적이에요. 처음 독일 선원에 의해 모리셔스 섬이 발견된 게 16세기 말이었는데, 도도는 불과 60~70년만에 멸종했거든요. 처음에는 유럽 사람들은 멸종했다는 사실조차 몰랐다고 해요. 신경도 안 썼다는 거죠. 나중에야 다시 도도새 이야기가 사람들의 관심을 끌며 멸종의 대명사가 됐습니다만, 다 사라지고 난 뒤에 추모해 봐야 뭐하겠어요. 만시지탄이죠.

도도새는 섬이라는 폐쇄된 지역 안에서 벌어진 특수한 일로 치부할 수 있어요. 하지만 나그네비둘기의 사례는 다르죠. 나그네비둘기는 1800년대 초까지만 해도 수십억 마리가 하늘을 까맣게 덮고 날던 굉장히 개체수가 많은 새였어요. 그런데 사람들이 무더기로 잡아들인 결과 불과 100여 년 뒤인 1914년에 완전히 멸종했답니다. 도도새와는 차원이 다른 가공할 학살이죠. 굴드의 에세이 '삿갓조개를 잃는다는 것'이나 데이비드 쾀멘의 책 《도도의 노래》에 묘사

나그네비둘기 사냥

된 사냥 장면을 보면, 학살이라는 말이 틀리지 않다는 생각을 하게 돼요. 긴 장대로 이동하는 비둘기 무리를 그냥 고꾸라뜨리고, 보지도 않고 허공에 총을 쏴 무더기로 맞췄으니까요. 비둘기가 비처럼 떨어져 내렸대요. 박쥐 씨가 인간에게 받은 편지에 하늘에서 새가 떨어지는 장면을 묘사한 시가 있던데, 인간이 상상한 것치고 인간이 직접 겪지 않은 일은 없나 하는 생각이 듭니다. 마지막 나그네비둘기는 '마사'라는 이름을 지니고 있었는데, 신시내티의 동물원에서 최후를 맞고 말았습니다. '이건 아니다'라고 생각을 한 동물원 관계자들이 몇 마리 남은 마지막 나그네비둘기들을 사육장에 넣고

인공 번식 시키려고 애를 썼지만, 결국 실패했다고 하죠. 지금 한반도에서도 사실상 자연 상태에서 볼 수 없는 황새나 반달곰, 붉은여우 등의 동물을 과학자들이 인공적으로 사육하며 개체수를 늘리는 작업을 하고 있어요. 일부는 약간의 성과를 내기도 했죠. 하지만 아직 자연 상태에서 보던 수준으로 회복한 경우는 없다고 해도 과언이 아니에요. 100년 전인 1914년의 미국에서는 상황이 더 열악했겠지요. 나그네비둘기는 그렇게 해서 영영 대가 끊어지고 말았어요.[2]

과학계의 슈퍼스타 비둘기

아저씨는 진화론에도 큰 영향을 미친, 과학계에서도 빼놓을 수 없는 주인공이에요. 다윈의 《종의 기원》 제1장은 숱하게 많은 비둘기들에게 바치는 헌사죠. 과학자로서의 다윈은, 자신이 생각한 진화의 구체적인 작동 모습을 보여 줄 하나의 도입 사례를 찾다가 아저씨에게 주목했지요. 당시 상류사회에서 유행하던 취미생활로 이야기를 시작했는데, 그게 바로 다양한 비둘기의 교배 이야기였지요. 아저씨는 당시 상류사회의 관심과 사랑을 듬뿍 받던 새였답니다. 불과 150여 년 전 이야기예요!

다윈은 꼼꼼하고 신중한 성격의 소유자였어요. 종의 기원을 출판하기 전 고민에 고민을 거듭하느라 나이 50이 돼서야 출간한 일화는 유명하지요. ≪신중한 다윈 씨≫라는 책이 나올 정도라니까요. 책만 신중했던 게 아니에요. 하고 싶은 이야기가 있으면 그 주제에 대해 말 그대로 '끝장'을 보고야 말았다고 합니다. 아저씨 얘기도 예외가 아니었겠지요. 다윈은 꽤나 집요하게 아저씨를 수집하고 연구했어요. ≪종의 기원≫에 나온 말을 그대로 믿는다면, 그는 사들일 수 있는 집비둘기란 집비둘기는 모두 사들이고, 인도와 페르시아까지 문의해 박제된 새를 구했으며, 옛날부터 당시까지 나온 온갖 논문을 모으고, 비둘기를 전문적으로 사육하는 사육가들과 교류했습니다. 런던에 있는 비둘기 협회 두 곳에 가입도 했고요. 그냥 관찰만 했나요. 직접 여러 종류의 집비둘기를 교배시켜 가며 결과를 관찰하기도 했지요.[3] 동물 하나에 대해 이야기를 하려면 최소한 이 정도 정성을 기울여야 한다는 걸 몸소 보여주고 있는 것 같아요. 이 편지를 대필하고 있는 필자는, 다윈이 기울인 노력의 반의 반의 반이나마 기울였는지 의심스럽군요.

아무튼, 다윈은 다양한 집비둘기의 외모를 서로 비교해

가면서 이들이 각기 다른 종임을 이야기해요. 그리고 그 종은 하나의 종인 바위비둘기와 그 지역종(아종)에서 갈라져 나왔다고 보죠. 여러 특성이 있는 집비둘기가 존재한다는 것은 그 특징을 물려 준 미지의 조상 종이 어느 시점에서 집비둘기와 교배했다는 주장도 있을 수 있는데, 다윈은 꼼꼼히 그 가능성을 점검한 뒤에 '그럴 리 없다'고 말해요. 그리곤 집비둘기 하나에서 그토록 다양한 비둘기 품종이 나왔다고 결론짓죠. 그렇다면 그 이유에 대해서도 답을 해야 하잖아요? 영리한 다윈은 그 답에서 천천히 자신이 이야기하고자 하는 진화의 원리를 끄집어 냅니다.

다윈은 선택의 원리를 이야기합니다. 다만 이 때는 비둘기 이야기의 연장으로 사육 재배된 동식물에 대해 먼저 이야기해요. 그러면서 원리 하나를 이야기하는데, 바로 "동물이나 식물 그 자체의 이익을 위해서가 아니라, 인간의 사용 또는 애완을 위한 적응을 볼 수 있다"는 것이지요. 그리고 생물학적 개념으로서의 변이를 언급해요. "인간에게 유용한 변이 가운데 어떤 것은 갑자기, 즉 단번에 일어났을 것이다." 이 변이는 돌연히 일어나고 우연적입니다. 변이 자체에는 방향성이 없습니다. 그런데 어떤 '힘'이 이 변이를 어떤 경향을 지닌 쪽으로 몰고 갑니다. 비둘기와 같은 사육 재배의 경우

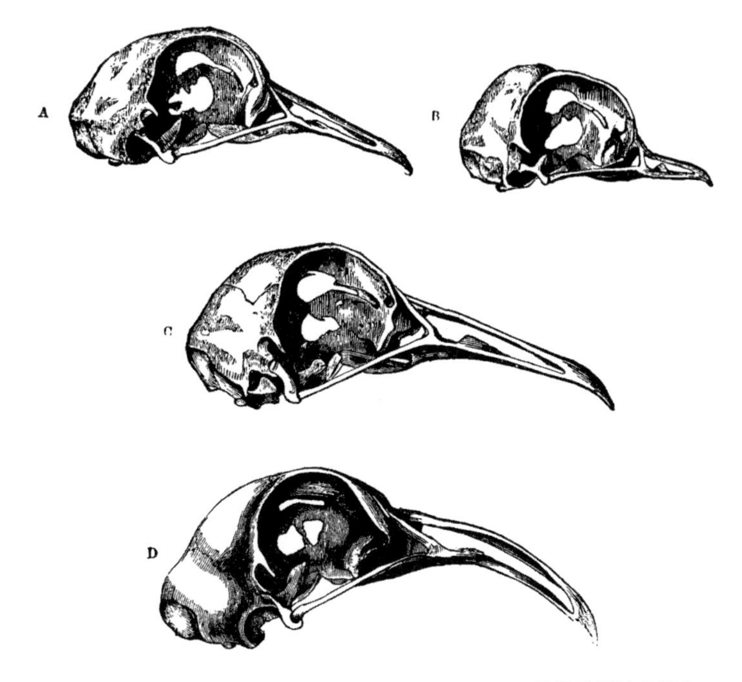

다윈의 비둘기 연구

에는, 그게 바로 인간에 의한 선택입니다. "이러한 품종들이 모두 오늘날 볼 수 있는 완전하고 유익한 것으로서 돌연히 생긴 것이라고는 생각되지 않는다. 실제로 여러 예에서 품종의 역사는 그렇지 않았다는 것을 알 수 있다. 이 열쇠는 선택을 거듭해 갈 수 있는 인간의 능력에 있다. 자연은 잇달아 일어나는 변이를 제공하고, 인간은 그것을 자기에게 유용한 방향으로 합산해 간다."

다윈이 인간의 선택이 가축을 특정한 방향(인간에게 유용한)으로 몰고 갔다는 내용은 이 책 전반의 주제를 위한 도입입니다. 제게 편지를 보냈던 돼지 씨도 이런 인위적인 선택의 결과로 나타난 품종이 지금까지 이어진 경우지요. 인간들이 주식으로 삼고 있는 쌀이나 벼, 콩 등의 각종 곡물도, 과일도 다 야생의 볼품없던 식물을 인간이 자신에게 유용하도록 선택압을 가한 결과예요. 다윈은 비둘기 당신의 다양한 형태로부터 시작한 이야기로부터 변이와 선택의 이야기를 이끌어냈어요. 다윈은 그 후 이 '선택'을 가축이 아닌 전체 생물계로 넓혀갑니다. 인간이 유용성을 이유로 선택을 하는 상태가 아닌 대부분의 자연 상태에서도 혹시 변이는 무작위적이고, 대신 모종의 선택이 이뤄지는 건 아닐까요. 다윈은 무수한 관찰과 실험을 통해 그 원리를 구체적이고 체계적으로 제안합니다. 그게 바로 자연선택의 원리입니다.

굴곡된 비둘기의 삶

아저씨는 다윈에게 진화의 아이디어를 사람들에게 잘 설명하게 해 줄 좋은 소재였습니다. 그리고 그 자신 역시 상류사

Charles Joshua Chaplin A Beauty with Doves

회의 사랑을 받던 아름다운 새였고요. 그런데 지금 왜 사람들에게 좋지 못한 대접을 받고 있는 걸까요.

사람들은 이상한 습속이 있어요. 친숙하고 고마운 동물들에게 오히려 더 가혹하고 못되게 구는 습성이지요. 예를 들어 제게 편지를 보냈던 돼지를 봐요. 얼마나 불쌍하고 또 고마운 동물이에요. 평생 갇힌 채 살다 도축장에서 생을 마감하는데, 사람들은 "돼지 같다"는 말을 욕으로 써요. 개는 어떻고요. 그렇게나 곁에 두고 예뻐하면서, 한편으로는 "개 같다"는 말을 들으면 싫어하지요. 닭은 어떻고요. 머리가 나쁘면 닭머리라고 하는 사람이 있더라고요. 듣는 닭 기분나쁘게…. 게다가 도시의 아저씨가 좀 통통하다는 이유로 '닭둘기'라고 부르는 사람도 있더라고요.

가까울수록 예의를 차려야 한다는 말이 있는데, 사람들은 그런 말 정도는 가볍게 무시하는 것 같아요. 비둘기 아저씨도 어쩌면 그런 이상한 습속 때문에 평가절하되고 있는 게 아닌가 싶어요. 예를 들어 아저씨는 메시지를 전하는 전령의 역할을 충실히 수행했던 고마운 동물이에요. 잘만 훈련시키면 전쟁 때에도 군사 기밀을 전하는 역할로 사용할 수 있었다고 하죠. 정확히는 집을 찾아 돌아가는 아저씨의 능력을 다시 원래 위치로 쪽지를 전하는 데 이용했어요. 아저씨가 그렇게 집을 찾아갈 수 있는 이유는 아직도 과학의 불가사의 중 하나인데, 지구의 자기장을 감지한다는 설, 태양의 위치를 통해 방향을 알아낸다는 설 등 의견이 분분해요. 그도 그럴 것이, 아무렇지 않게 생각하기에는 너무나 놀라운 일이거든요. 사람들이 그렇게나 애틋하게 생각하는, 영리한 개들도 수백 km를 홀로 가서 메시지를 전하는 일은 하지 못해요.

이쯤 되면 아저씨는 항변할 수 있을 거예요. "메시지를 전하는 이런 세심한 임무를, 쓰레기나 뒤지는 못나고 머리 나쁜 새가 할 수 있느냐?"고요. 맞는 말이에요. 제가 이 편지를 아저씨께 전하는 가장 중요한 이유 중 하나도 바로, 사람들에게 전혀 알려지지 않았던 아저씨의 지능을 일깨워주기 위해서예요. 영리하기로는 손에 꼽히는 동물인 저 고래가 하는 말이니, 아마 기뻐하셔도 좋을 거예요.

먼저 아저씨는 뛰어난 학습과 인지 능력을 지니고 있어요. 2014년 5월, 영국의 과학잡지 <뉴사이언티스트>에 실린 기사에 따르면, 비둘기는 100개 이상의 도형을 알아보도록 학습할 수 있어요.[4] 또 그렇게 배운 도형을 2년 이상 지난 뒤에도 기억해 내는 놀라운 기억력이 있지요. 사람들은 흔히 조류가 기억력이 나쁘다고 여기는 경향이 있어요. 그래서 기억력이 나쁜 사람에게 '새머리'라는, 새는 기분나빠할 별명을 붙이곤 하지요. 하지만 비둘기만 해도 결코 그런 취급을 받을 동물이 아니라는 걸 알 수 있어요. 까치 역시 사람의 얼굴을 구분하고 그걸 오랫동안 기억까지 한다는 얘길, 앞서 까치가 했다죠(호랑이를 찾는다는 내용의 쪽지를 쓰면서, 하라는 호랑이 이야기는 안 하고 자기 자랑만 실컷 했다고 소문이 파다하더군요. 영리한 녀석!). 아무튼 이렇게 조류는 기억력이 생각보다 훨씬 좋아요. 조류뿐만이 아니에요. 사람들은 자신들의 지능과 기억력을 과신하면서 대신 다른 동물의 기억력을 과소평가하는 경향이 있어요. 지난 2014년 7월에는 물고기 역시 기억력이 생각보다 좋다는 연구 결과가 나오기도 했죠. 먹이를 주는 위치와 관련한 기억을 시험해 봤더니 2주 이상 기억했다는 결과가 나왔다고 해요. 사람들은 물고기의 기억력이 몇 초 정도라고 믿고 있었는데, 충격이 클 거예요. 동물들, 생각보다 기억력 좋아요.[5]

아저씨는 숫자 또는 양 개념도 이해해요. 뉴질랜드 오타고대의 마이크 콜롬보 교수팀은 도형에 그림을 하나, 둘, 셋 그린 뒤 순서대로 뽑으라고 훈련시켜봤어요. 그 뒤 별도의 훈련 없이, 도형을 네 개에서 아홉 개 그린 그림을 주고 뽑으라고 하면 도형이 적은 것부터 순서대로 뽑았다고 합니다. 비둘기가 사람을 알아본다는 연구도 있고요. '내가 뭘 아는가' 하고 생각하는 능력도 있대요. 이게 뭔고 하니, 어려운 과제를 비둘기에게 주고, 잘 모를 땐 힌트를 얻을 수 있도록 실험 장치를 꾸몄대요. 그러면 비둘기는 처음 과제를 수행할 때나, 더 어렵고 복잡한 과제를 할 때 힌트를 많이 요청했다고 해요. '아, 난 이거 잘 모르는 거니까 힌트를 달라고 해야겠다', '이제는 좀 아는 거니까 내가 아는 대로 하면 되겠군'

이런 생각을 한다는 거예요(이게 가능한 동물은 영장류와 제 친구인 돌고래 정도뿐이랍니다. 에헴!). 거울을 보고 자신임을 알아보는 실험을 해보면(보통은 몸에 눈에 띄는 딱지를 붙여서 거울을 보고 떼도록 유도하는 실험으로 확인해요), 약간 의심스럽긴 한데 떼긴 뗀데요. 다만 아저씨는 몸 빛깔이 복잡해서 실험 방법을 좀 다르게 하는데, 그래서 논란은 좀 있나봐요. 까치는 몸 빛이 단조로워서 금세 떼던데….

아무튼 이런 식으로, 과학자들은 아저씨가 꽤 똑똑한 동물이라고 말하고 있어요. 그런데 <뉴사이언티스트> 기사의 끝은 의미심장해요. 결코 '비둘기가 특출나서' 뛰어난 지능을 가진 게 아니라고 결론짓고 있거든요. "다른 동물도 체계적으로 실험해 보면 뛰어난 정신적 능력을 보여줄 것"이라는 과학자의 말도 인용하고 있어요. 동물의 인지 능력을 얕잡아 보지 말라는 뜻이죠. 앞서 소개했듯, 사람들은 물고기의 기억력을 무시했지만 사실은 훨씬 기억을 잘 했잖아요? 새나 다른 포유류 역시 인지능력 면에서 사람들의 생각 이상으로 뛰어날 가능성이 다분해요. 사람들이 그토록 얕잡아보던 동물은 그저 말을 못해서 사람들이 몰랐을 뿐, 숫자를 세고 얼굴을 구분하며 기억도 잘 하고 전략도 세우는 뛰어난 두뇌를 갖고 있어요. 어찌 무시해도 될 대상인가요.

비둘기의 역전만루홈런을 꿈꾸며

이런 뛰어난 능력과 강력한 귀소 본능, 그리고 쉽게 사육되는 무던한 성격 덕분에 비둘기(사육된 집비둘기)는 제1, 2차 세계대전 때 맹활약을 하기도 했어요. 연합군에서 큰 공을 세웠기 때문에 큰 인기를 끌었습니다. 그게 겨우 반세기 남짓 전의 일이에요. 당신을 선택교배해 만들어낸 흰비둘기는 평화의 상징으로 종교화부터 올림픽 개막식에 이르기까지 다양한 곳에서 모습을 드러냈지요. 잘 알려지지는 않았지만, 진화론의 토대를 쌓게 해준 과학계의 슈퍼스타기도 해요. 지금은 '하늘의 쥐' 취급을 받으며 천덕꾸러기 노릇을 하고 있지만, 특유의 영리함과 적응력을 인정받아, 사람과 조화롭게 잘 살 수 있는 날이 올 거라고 믿어요. 그러자면 아저씨도 너무 사람들의 눈밖에 나는 일은 자제하시라고(그게 마음대로 되는 건 아니겠지만요) 말하고 싶지만, 쉽지는 않겠지요. 어쩌면 인간과 비둘기 둘 사이의 다툼은, 생존력 강한 두 동물이 도시라는 생태계를 동시에 점유하면서 일어나는 어쩔 수 없는 분쟁이 아닐까 싶네요. 그럼에도 둘이 사이좋게 살 수 있는 비법이 있는지 연구해 봐야겠어요.

이제 다윈이 《종의 기원》을 내놓은 지도 155년이 지났어요. 다윈은 당신을 자연선택의 원리를 사람들에게 쉽게 이해시키기 위한 방편으로, 도입으로 소개했어요. 하나의 바위비둘기에서 다양한 외모의 집비둘기가 나오는 과정을 통해 변이와 선택의 원리를 제시했지요. 하지만 바위비둘기에게서 자연선택 이야기를 직접 꺼낸 것은 아니에요. 어디까지나 사람의 사육과 교배에 의한 '인위적인' 선택의 사례였지요. 그 후 155년 지난 지금의 아저씨 모습은, 오히려 '자연' 선택의 사례가 된 게 아닌가 싶습니다. 도시라는 새로운 생태계가 펼쳐졌고, 이 환경은 다른 모든 새에게와는 달리 아저씨에게만은 번식과 생존에 유리한 환경이 됐습니다. 아저씨는 살아남았고 개체수를 늘려가며 번성했으며, 전 세계로 퍼졌습니다. 그 영리하다는 까치도 적응하지 못하고 힘들어하는 도시 생활을, 아저씨는 능숙하게 해내고 있습니다. 그 지역의 환경에 적합한 특성을 지닌 종이 선택된다는 자연선택의 원리가, 도시라는 인위적 환경에서도 제대로 작동한다는 사실을 보여주기에 아저씨만큼 적합한 동물이 또 있을까요.

비둘기만큼 전 세계의 야생과 도시 환경에 두루 적응해 번성한 동물은 달리 없어요. 오직 딱 한 종이 있을 뿐이지요. 네, 비둘기 아저씨도 잘 아시는 바로 그 동물, 사람이에요. 대형포유류임에도 개체수가 70억을 넘게 번성하고 있고, 극지방을 포함한 전 세계에 발자국을 남기고 있습니다. 사실 사람을 제외한 그 어떤 동물이 보기에는, 사람이야말로 유해동물일지 몰라요. 온갖 환경을 점령하고 자신의 취향대로 바꾸며, 심지어 다른 동식물을 몰아내기도 서슴치 않지요. (쥐에겐 또 미안한 표현이지만,) '비둘기는 하늘의 쥐' 말고 '사람은 지상의 쥐'라는 음반이 나와도 이상하지 않을 상황이라고요.

그러니 비둘기 아저씨, 아저씨는 기 죽지 말고 꿋꿋이 사세요. 비록 음식물 쓰레기를 뒤지고 동상에 하얗게 새똥을 튀기며 사람들을 기겁하게 만들지만, 우리가 사람에게 잘 보이려고 이 세상에 사는 것은 아니니까요. 그리고 사람에게 물으려고 합니다. 애초에 생태계를 교란시킨 게 누구냐고요. 동물에겐 낯선 도시 환경을 만들고, 바위와 절벽에 살던 아저씨를 도시로 들여온 게 누구냐고요. 아저씨가 좋아하는 도시 환경을 만든 게 누구냐고요. 이런 원죄를 무시한 채, 아저씨에게 불결하고 게으른 동물이라는 딱지를 붙이는 건 옳지 않다고 생각해요.

이쯤에서 편지를 마무리하려고 해요. 의도한 건 아닌데, 처음 이 편지를 쓰게 된 계기가 된 굴드의 에세이 제목이 머릿속에 맴도네요. '흠 없는 비둘기가 죄 많은 마음에 알려주는 바'라는 제목이었지요. 굴드는 어쩌면 세인트루이스의 광장을 메운 비둘기떼를 바라보며, 일찌감치 지금의 제 심정을 느꼈는지 모르겠습니다. 저도 이 편지를 중간에 가로채어 읽을 사람들에게 말합니다. 사람들이여, 자연과 생태계에 그리 우호적이지 못했던 그대들의 죄 많은 마음에 고하노니, 흠없는 비둘기 아저씨의 항변에 제발 귀를 기울여 주세요.

고래 올림.

비둘기가 십자매에게

안녕, 십자매야? 나 비둘기야. 오늘도 거리는 맑고 밝고 소란하고, 더럽다. 그 더러움의 일부는 어쩌면 내가 만들었을지도 모르지만, 내가 아니었어도 이 도시는 지금과 크게 다르지 않게 더러웠을 거야. 네가 사는 새장 안은 어떠니. 역시 맑고 밝고 소란하고 더러울까. 그곳도 사람이 사는 곳 특유의 역설이 존재할까.

오늘은 고래 아가씨에게서 쪽지 한 장을 받았어. 몇 번씩 거푸 읽어 보면서 웃고 울다 정신을 차려 보니 벌써 어둑어둑 저녁이 돼 있더라. 저녁을 먹으러 쓰레기와 토사물이 널린 신촌 거리에 가볼까 하다가, 문득 신세가 기구하게 느껴져 털썩 주저앉았어. 길게 지는 해를 멍하니 바라보다가, 문득 네 생각이 떠올라 이렇게 편지를 써. 고래 아가씨가 젖은 글씨로 겨우 보내 온 편지는 편지라기보다는 조금 긴 쪽지였어. 나 비둘기가 오래 된 전령의 새로서 사람들에게 쪽지를 전하던 것을 기억하고 보여준 유머였을 거야. 그래서 나는 내 의무를 다시금 되새기며 네게 쪽지를 쓰려고 해. 물론 편지라고 해도 모자라지 않을 긴 쪽지지만…. 너도 네 마음에 드는 친구가 있으면 쪽지를 쓰렴. 이 편지를 읽는 조건은 오직 그거 하나야.

먼저 너에 대해 이야기해 볼까. 한 20여 년 전만 해도 너는 한국에서 꽤 유명한 관상조였어. 성격이 무던해 쉽게 기를 수 있고, 새끼도 잘 낳는데다 여러 마리를 한 데 키워도 잘 견뎌서 인기가 많았지. 그래서인지 초보자용 새라는 인식이 있었고, 다른 새에 비해 상대적으로 값도 싼 편이었던 기억이 난다.

하지만 초보자용이라는 건 사실 너에 대해 잘 모르는 사람이 하는 어리숙한 말이었어. 네겐 오히려 아는 사람만 아는 고급스러운 특성이 있었거든. 다른 새에게는 없는 독특한 특징이 있다는 거지. 너는 동남아시아에 사는 야생종을 들여와 인위적으로 교배시켜 얻은 개량종이야. 일본에서 개량이 이뤄졌는데, 250년 전부터 개량이 시작됐으니 역시가 꽤 오

십자매

래됐다는 걸 알 수 있지. 야생종은 몸 색이 짙은 편이었는데, 관상용으로 길들인 너는 색이 많이 달라져서 완전히 흰 개체도 있었고, 반대로 옅거나 짙은 갈색으로 된 개체도 있었지. 물론 둘이 섞인 개체도 있었어. 몸에 흰 털과 갈색 털이 섞여 있는 모습인데, 어떤 개체는 머리가 희고 어떤 개체는 가슴 아래가 흰 경우 등, 그 모습이 제각각 달랐어. 이들을 서로 교배시키면, 흰색과 갈색이 또다른 배합으로 아로새겨진 십자매가 나오기도 했대. 흰 분꽃과 붉은 분꽃을 교배해 희고, 붉고, 분홍 빛을 띠는 분꽃을 얻었던 교과서 속 그레고어 멘델의 실험이 떠오르지 않니. 야생 십자매를 들여와 관상조로 개량한 사람들은, 어쩌면 너를 대상으로 유전학 실험을 했던 걸지도 모르겠다(멘델은 부모와 자식 사이에서 어떤 특성이 대물림되는 유전 현상이 어떤 원인(인자)에 의해 일어나고, 또 정량적으로 발생한다는 사실을 밝히고자 노력했어. 분꽃 등 식물을 여러 번 교배를 해서 한 가지 특징(생물학에서는 형질이라고 말해)을 지닌 개체(순종)를 얻은 뒤에, 그것들을 서로 교배해서 어떤 형질이 나오는지 보는 식이었지).

물론 사람들이 네 색에 주목한 이유가 과학 실험인 것은 아니야. 아름다운 새, 보다 진귀한 무늬나 색 배합을 지닌 특이한 외모의 새를 얻는 고급 '유희'를 했던 거지. 살아 있는 동물을 대상으로 '유희'라는 말을 쓰니 이상하지만, 들어봐. 사람들은 너를 애지중지 키운 뒤, 원하는 색이 나오도록 세심하게 선정한 다른 성별의 십자매와 짝을 지워줘 알을 낳게 했어. 그런 뒤 부화해 깨어나는 새끼들을 두근거리는 마음으로 지켜보곤 했지. 예상치 못한 아름다운 무늬가 나오거나, 보기 드문 귀한 무늬(예를 들어 인터넷 매매 사이트에는 흰 몸에 왕관 같은 갈색 무늬를 머리에 지닌 개체가 다른 개체보다 고가로 나와 있고, 또 인기리에 거래되고 있더라)가 나오면 쾌재를 부르는 식이지. 이런 선택 교배는 일본에서만 볼 수 있는 게 아니라서, 영국에서는 귀족 계급 사이에서 장미나 개를 기르면서 교배를 통해 새로운 종을 만드는 게 유행이었어. 나 비둘기도 빠지지 않았고. 진화론으로 유명한 다윈 시대에 이미 널리 퍼져 있어서, 《종의 기원》 제1장에는 따로 '집비둘기의 품종에 대해'라는 장이 있을 정도지(고래가 그랬어). 생태, 진화 저술가 데이비드 쾀멘이 편집한 영어판 《종의 기원》에는 그림도 나와 있는데, 여러 희한한 비둘기 그림이 있어. 흰 턱수염이 있는 것 같은 턱수염비둘기, 가슴을 잔뜩 부풀리고 마치 연미복을 입은 집사처럼 몸을 꼿꼿이 세운 파우터비둘기, 부리 위의 '납박'이라는 부위가 꽃처럼 생긴 전서비둘기…. 참 기기묘묘하다. 나라도 나를 기르고 싶을 것 같아….[1] 물론 사람들 대부분이 그저 진귀함과, 그로 인한 비싼 가격 때문에 너를 기르지는 않았을 거야. 너를 키우는 즐거움, 예상치 못한 새끼를 얻는 기쁨이 주요한 이유겠지. 이게 내가 말한 유희의 의미야. 적절한지 여부를 떠나, 무슨 뜻인지는 이해가 가지?

(이건 다른 이야기인데, 인간의 기묘한 시간 인식에는 영리한 나도 혀를 내두르게 된다. 생각해 봐. 예쁜 십자매를 얻기 위해 부모새의 색을 조절했다고 하잖아. 즉 새끼의 색을 정해두고 그 색을 얻기 위해 부모의 색을 맞춰 짝을 지워주는 거야. 저들은 '원인'이 되는 것을 통해 그 '결과'를 예측하는 데에서 더 나아가, 반대로 '결과'를 염두에 두고 '원인'이 되는 행동을 미리 도모하고 있어. 미래를 예측하고 그 미래를 얻기 위해 현재를 조작할 수 있는 뒤집힌 시간 관념이 있는 거야. 뛰어난 지능 덕분이라고 할까. 그런데 이런 특성은 인류학자들도 주목하고 있는 특성이란다. 인간으로 하여금 구체적으로 예술을 탄생시킨 원동력이라고 보거든. 둥근 모양의 도구 혹은 완벽하게 좌우가 대칭을 이룬 도구를 머릿속에 떠올리고, 그걸 손을 이용해 현실에서 조각해 내는 과정을 생각해 봐. 결과를 생각해서 원인을 조절하고, 미래를 예측해서 현재를 바꾸는 행위야. 다양한 모습의 너를 얻는 과정과 비슷하지 않아? 그러니까 십자매야, 너도 인간에게는, 일종의 예술품일지 모르겠다.)

세심한 선택이 빚은 예술품

그런데 십자매야, 나는 새장에 갇힌 너를 보면 일본의 짧은 시 하이쿠를 떠올리게 돼. 5자, 7자, 다시 5자의 짧은 문구 속에 자연의 정경과 계절의 흥취를 표현한 그 간결하고 공교로운 미학이, 사람 손 안에 쏙 들어갈 만큼 작은 네 몸 위의 깃털 색상에도 그대로 배어 있는 것 같거든. 혹은 분재 같다고 할까. 작은 나무 한 그루에 커다란 나무에서 볼 수 있는 주요한 특징을, 마치 추상화에서처럼 간결하게 축약해 표현한 분재 말이야. 그래, 하이쿠나 분재는 자연이라는 대상의 한 단면을 사진 찍듯 보여주거나, 작게 축소해 놓은 게 아니야. 오히려 추상화에 가까워. 한 그루의 작은 나무에서, 자연의 큰 모습을 발견할 수 있게 만든 추상화. 그런데 십자매 네게도 그런 느낌이 나. 조류계의 하이쿠이자 분재. 그게 좋은 뜻인지 나쁜 뜻인지 가치 판단은 내리지 않을게. 다만 하이쿠처럼 또는 분재처럼, 너라는 존재는 야생종과 달리 인류의 손길에 의해 어느 정도 빚어졌으며 거기에는 사람의 취향이라는 게 개입해 있다는 사실만큼은 분명해. 이 역시 좋은 것인지 나쁜 것인지 나는 말하지 않을게. 너만 행복하다면 내가 왈가왈부할 문제는 아니니까.

대신 내가 주목한 것은 따로 있어. 아까 네 몸 색이 사람들이 인위적으로 부모의 색을 배합함에 따라 나왔다고 했지? 이렇게 인공적으로 선택해 교배하는 것을 생명과학에서는 '선택교배'라고 해. 이런 선택교배는 사람이 기른 여러 동식물에서 많이 나타나. 우리가 쉽게 접하는 가축이나 가금류, 작물은 거의 다 이런 선택교배를 겪어 야생종과 지금의 모습이 크게 다르지. 그리고 바로 나 비둘기가 이런 선택교배의 대명사 중 하나라는 말씀. 그 이야기는 고래 아가씨가 내게 보냈던 쪽지에서 길게 했으니 줄일게.

그런데 네게 일어난 '선택'은 색만이 아니었어. 사람들은 자신도 모르는 사이에 너를 대상으로 다른 선택 하나를 더 했단다. 바로 노래인데, 너를 길러본 사람은 알지, 네 노래가 그리 아름답지는 않다는 것을. 노래를 듣기 위해 십자매를 기르는 사람은 없어. 그러니 다른 선택교배의 경우처럼, 사람이 네 노래를 기준으로 선택을 한 것은 아니야. 그럼 뭘까. 바로 너희 십자매 종 내부에서 이뤄진 선택이야. 암컷이 더 선호하는 수컷을 선택하는 과정 즉 성선택이지.

성선택은 여러 동물에서 꽤 광범위하게 일어나는 현상이야. 어떤 동물이 생활에 도통 불필요해 보이는데, 아니 오히려 불편하기 짝이 없어 오히려 생존에 불리해 보이는데 화려하거나 복잡한 몸 장식을 하고 있는 경우, 많은 경우 성선택이 이유지. 성선택은 수컷의 경쟁을 유발해. 암컷의 눈에 들어야 하니 실용성 이상의 과시가 필수지. 화려한 몸을 하고 있는 경우엔 암컷의 '눈'을 의식해 잘 보이려는 의도인데, 그 모습이 무척이나 공교로워. 꼭 예술 같거든! 인류가 일부러 '예술' 개념에 해당하는 무늬나 도구를 만든 것은(도구 자체가 예술품은 아니지만, 도구 중에는 명백히 쓸모보다는 미적 가치를 더 염두에 뒀음이 분명한 말쑥한 도구가 있거든. 이 이야기는 뒤에 사자가 인류의 친척 네안데르탈인에게 보내는 편지에서 한 번 더 나올 거야) 100만 년 전으로 거슬러 올라가. 하지만 동물 중에는 의식하지 않고도 놀라운 예술성을 발휘해 몸을 치장하는 경우가 있어. 춤을 추기도 하고, 바우어새처럼 둥지 부근을 창의적으로 꾸미기도 하지. 특히 새에게서 두드러지지만, 다른 종에 없는 것은 아냐. 유명한 사례로는 뿔이 달린 동물들이 있어. 순록 등 일부 사슴 종은 그 순한 눈매 위로, 신성한 나무처럼 보이는 아름답고 커다란 뿔 한 쌍을 이고 있어. 누군가의 눈에는 녹용이라는 한약재에 불과할지 모르지만, 사슴에게는 수컷끼리 힘 대결을 펼칠 때 서로 맞부딪치는 무기야. 하지만 수컷의 성적 우위를 보여주는 과시물이기도 해. 암컷에게 '나는 이만큼 멋진 뿔을 지녔소'하고 어필하는 거지. 전혀 근거 없는 외모 지상주의라고? 아니야. 과학자들은 사슴류의 뿔의 크기와 수컷의 '능력' 사이의 상관관계를 찾는 데 성공했단다. 예를 들어 2005년 <영국왕립학회보B>에 실린 논문을 보면, 사슴류의 뿔 크기는 수컷의 정자 생산력과 질을 반영해. 2001년 학술지 <진화>에 실린 연구 결과를 보면, 병원체에 대한 저항력과도 관련이 있어. 실용적인 목적이 분명히 있다는 거지.[2]

여담 하나를 할까. 이렇게 복잡하고 화려한 뿔을 지닌 끝에 얻은 개체 중에는 '좀 너무 나갔다' 싶은 것도 있어. 유럽과 아시아 북부, 아프리카 일부까지 퍼져 살았던 '큰사슴'이

큰사슴

라는 동물이야. 흔히 '아일랜드 엘크'라고 알려져 있지만 현생 엘크와 관련도 없고, 아일랜드에만 산 것도 아니라 '최악의 명명' 중 하나로 꼽히는 동물이지. 화석 기록으로는 대략 7700년 전에 완전히 멸종한 것으로 알려져 있는데, 모든 사슴류 가운데 가장 큰 뿔을 지니고 있었대. 뿔의 양쪽 끝 길이가 3.65m에 무게가 40kg이었다니까, 전체 몸무게가 600kg 정도였다는 걸 생각해 보면, 사람으로 치면 4~5kg 정도의 물체를 쓰고 있는 셈이랄까. 응? 생각보다 무거운 건 아니라고. 그래, 체중에 비해 더 무거운 장신구를 이고 있는 사람도 분명 있겠지. 다이아몬드 장식이라든가, 금으로 만든 왕관이라든가…. 아무튼 이 동물은 사슴 중 가장 큰 뿔을 갖고 있는데, 스티븐 제이 굴드는 이 동물을 여러 차례 글에서 다뤘어. 그 중 하나를 보면 큰사슴의 뿔이 유독 큰 건 아니라고 말하고 있지. 고생물학자로서 그는 화석을 통해 알아낸 몸집의 크기와 뿔의 크기 등을 세심하게 자료화해 그걸로 경향을 알아보곤 했는데, 큰사슴의 뿔은 그 몸집에 지닐 법한 크기 한도를 벗어나지는 않는다고 해. 그러니까, 덩치에 비해서 그리 큰 것은 아니라는 네 말이 맞긴 맞는 거지. 예리한데?

큰사슴의 뿔 역시 성선택 덕분에 유지가 됐대. 직접적으로 싸움에 이용하기도 하고 큰 크기로 다른 수컷을 압도하기도 했지만, 암컷의 눈에 들기 위한 역할 역시 중요했지. 그렇지 않고서야 불편하기 짝이 없는 그 무거운 뿔을 뭐 하러 유지하겠어. 실제로 이 종의 멸종을 둘러싸고는 '너무 커서 뿔을 유지할 영양분을 충분히 섭취할 수 없었다'거나(플라이스토세 말기가 빙하기다 보니 숲이 부족했어), 또는 '뿔이 너무 커서 둔한 나머지 제대로 도망을 못 가 천적(혹은 인류)에 의해 쉽게 사냥 당했다'는 등의 '뿔 책임론'이 나오고 있거든(아직 확실한 이유는 아무도 몰라).

아 얘기가 길어졌구나. 성선택 이야기로 돌아와서, 이렇게 전반적으로 성선택이 나타나는 동물은 수컷이 암컷의 눈을 사로잡기 위해 노력하고 있어. 근데 그게 꼭 눈(시각)에 해당되는 게 아니라는 증거가 바로 너를 비롯한 일부 새들이야. 물론 공작처럼 화려한 색으로 성선택의 전형을 보여주는 종도 있지만, 넌 그렇지 않아. 흰색과 갈색이 아롱아롱 섞여 있는 수수한 외모지. 게다가 지금의 네 몸빛은 사람의 취향이 반영된 결과지 암컷이 선호하는 색이 아니야. 성선택이 아니지. 비밀은 노래야. 네가 지저귀는 노래에도 복잡하고 공교로운 색이나 무늬와 똑같은 선택압이 작용해. 즉 보다 복잡한 노래를 하는 수컷이 암컷에게 선택되는 경향이 있어.

노래로 '어필'하다

물론 여기에는 훨씬 복잡한 이야기가 있다. 너를 이용해 사육화와 성선택, 그로 인한 진화를 연구하는 과학자들이 있어. 네가 태어난 일본에 있지. 도쿄대 종합문화연구과의 오카노야 카즈오 교수와 같은 연구실의 다카하시 미키 박사야. 이들은 네가 인공 환경인 새장에 갇혀 사육되기 시작한 후 보이는 여러 특징의 차이를 통해 진화의 비밀을 밝히고 있어. 근데 연구 주제가 특이해. '언어'거든. 네 노래가 어떻게 변했는지를 통해 사람이 언어를 얻게 된 비밀까지도 알 수 있으리라 추정하고 있어. 어떻게 그럴까. 연구진이 쓴 논문과 글, e메일 문답을 통해 들은 설명을 재구성해 볼게.[3]

우선, 너를 비롯한 몇 종의 새들은 실제로 사람과 비슷한 언어 특성을 일부 갖고 있다는 말부터 시작하자. 너나 참새, 동박새, 카나리아 같은 명금류의 노래는 음 요소 몇 가지를 시간 순서로 늘어놓는데, 거기에 일정한 순서와 규칙, 구조가 있어. 단어와 단어가 연결돼 문장이 되는 언어와 유사성이 있지. 또 학습을 통해 습득된다는 특성도 있어. 사람이 어려서 말을 배우는 것과 비슷한 특징이지. 동물이 소리를 귀로 듣고 다시 입으로 내는 것을 '발성학습'이라고 부르는데, 이런 걸 할 수 있는 동물은 몇 안 돼. 포유류에서는 고래, 박쥐, 코끼리, 그리고 영장류의 인간만이 이런 능력이 있을 정도로 소수야. 그 외에 조류가 좀 있는데, 명금류라고 부르는 노래하는 새들(참새부터 휘파람새, 구관조, 카나리아, 문조 등이 해당돼. 너도 그 중 하나야)과 앵무새, 벌새가 해당돼.

오카노야 교수와 미키 박사 등은 그런 점에 주목해서 너의 노래 학습 과정을 알면 인간 언어의 기원도 알 수 있을 것이라고 보고 연구를 했어.[4] 가장 주목한 부분은 성선택과 관련한 부분이야. 새끼 십자매가 노래를 배우는 과정은 거의 4개월이 걸린대. 새끼 새는 부화 뒤 처음 20일 정도는 노래를 하지 못하는데, 그 때 주로 아빠의 노래를 들으며 노래를 머릿속에 입력해. 그리고 부화 뒤 35일 후부터는 조금씩 뭔가 소리를 내기 시작하지. 물론 처음에는 사람 아기의 옹알이처럼 짹짹거리는 소리를 작게 낼 뿐이지만, 점차 노래의 모양새를 갖춰가면서 길게 노래하게 돼. 점점 정확하게 아빠의 노래를 따라하게 되다가, 완성된 노래를 하게 되는 때가 오는데 그게 4개월째라는 거야. 그런데 재밌게도, 십자매와 그 야생종은 아빠로부터 노래를 배우는 정확도가 달랐어. 야생종은 아빠의 노래를 거의 정확히 배우는 반면, 새장 속의 십자매는 90% 정도로만 따라 했어. 아빠새를 서로 뒤바꿔서 키우는 연구에서도 십자매는 여전히 90% 정도의 학습률을 보였는데 야생종은 75% 정도로 낮은 학습률을 보였지. 십자매는 학습의 영향이 좀더 크고, 야생종은 '같은 종' 선호가 더 강하다는 뜻이지.

여기에 한 가지 더 중요한 차이가 있었어. 노래의 복잡성이야. 십자매의 노래는 8개 정도의 음 요소의 결합으로 이뤄져 있어. 이 음 요소를 몇 개 묶어 일종의 덩어리를 이룬 뒤, 다시 이리저리 배치하는 식으로 노래를 완성하지(마치 사람이 '십'자와 '자'자와 '매'자를 붙여서 '십자매'라는 단어를 만든 뒤, 이 단어를 다른 단어와 앞뒤로 연결해 문장을 만드는 것처럼). 이 음 요소의 결합은 한꺼번에 이뤄지는 게 아니라 한 번에 하나씩 나타나. 그러니까 한꺼번에 '십자매'하고 붙여 학습하는 게 아니라, 먼저 두 음 요소를 붙인 덩어리가 먼저 나타난 뒤, 다시 이들이 연결돼 더 긴 노래가 된다는 거지('십자'와 '자매'가 먼저 나타난 뒤 비로소 '십자매'가 나타나는 식). 2013년 <네이처>에 실린 오카노야 교수와 디나 립킨드 뉴욕시립대 교수팀의 연구 결과를 보면, 이건 사람이 언어를 습득할 수 있는 과정에서도 볼 수 있는 특징이야.[5] 그런데 야생종은 이런 음요소의 결합이 아주 단조롭게 나타나는 데 반해, 십자매는 대단히 복잡하고 구조적으로 나타나는 특성이 있어.

오카노야 교수와 미키 박사는 이런 부분이 성선택과 관련이 있다고 보고 있어. 먼저 십자매의 노래가 야생종에 비해 더 복잡해진 것은, 마치 수컷의 사슴뿔이 암컷의 눈에 들기 위해 더 복잡해지고 공작의 깃털이 더 화려해지는 것과 마찬가지 원리라고 봤어. 조류학자들이 내놓은 가설에 따르면, 어려서 잘 먹고 잘 큰 건강한 새일수록 노래도 더 잘 한다는 거야. 그러니 노래 소리만 듣고도 건강한 수컷임을 암컷은 알 수 있다는 거지. 그 지표는 여러 가지가 있는데, 복잡성일 수도 있고 오래 노래하는 것일 수도 있어. 실제로 암컷 십자매를 두고 복잡한 노래와 그렇지 않은 노래를 들려주면, 복잡한 노래를 들려주는 둥지로 간다고 해.

같은 종의 노래를 배우는 데 덜 집착하는 특성도 성선택과 관련 있다는 게 연구팀의 생각이야. 여러 종이 뒤섞여 있는 야생 상태라면, 정확하게 자신과 같은 종을 찾아 대를 잇는 게 중요해져. 그렇다면 이런 환경에 사는 새의 노래는, 복잡한 것보다는 쉽고 단순하면서도 구분이 잘 되는 게 더 중요하겠지. 야생종 새끼가 자기와 같은 종의 노래를 더 잘 배우는 것도 그런 이유라는 거야. 반면 십자매는 아빠새가 바뀌어도(야생종으로 바꾼 경우) 원래의 십자매와 비슷한 정도로 노래를 배웠는데, 그건 같은 종의 노래를 굳이 고집할 환경이 아니라는 뜻이지.

새장 속의 십자매, 도시 속의 인류

오카노야 교수와 미키 박사는 이런 내용의 원인을 십자매의 사육화 과정과 연결시켰어. 먼저 십자매 야생종은 여러 종이 섞여 사는 야생 상태에서 자신의 종을 정확히 찾기 위해 구분이 쉽고 정확히 배울 수 있는 단순한 노래를 불러야만 했어. 더구나 복잡한 노래를 하려면 뇌 가운데에서 노래를 잘 부르게 하는 부분을 발달시켜야 하는데(또는 노래도 학습의 결과이므로 학습과 관련한 뇌 부위가 발달해야 해), 늘 먹을 것을 찾아다녀야 하는 야생 상태에서는 그럴 수가 없어. 뇌를 노래하는 데 집중적으로 쓸 수가 없으니까. 야생에서는 천적도 피하고 먹고 살 궁리만으로도 머리가 바빠. '개미와 베짱이' 동화 속 베짱이의 교훈처럼, 노래만 부른다고 먹이가 하늘에서 툭 떨어지는 건 아니야(어, 이 이야기는 박쥐가 꿀벌한테 보낸 편지에 있다던데…. 좀 다른 문맥이지만).

반면 십자매는 달라. 새장에 갇혀 있어 자유는 잃었지

만, 대신 먹을 걱정은 안 해도 되는 상태야. 게다가 하나의 새장 안에 십자매와 다른 종을 섞어 키우는 주인도 드무니, 다른 종과의 잡종 교배 걱정도 할 필요가 없지. 그럼 십자매의 뇌는 남는 여력을 어디에 쓸까. 진화에 영향을 미칠 가장 중요한 선택압 세 가지(먹이, 천적, 잡종교배 위험)가 제거된 상태에서, 십자매가 맞이할 선택압은 하나라는 게 이들의 결론이야. 바로 성선택이지. 암컷에게 잘보이기 위해(자신이 건강하고 생식력이 좋다는 사실을 증명하기 위해) 화려하고 복잡한 노래를 부르게 됐다는 거야. 베짱이는 베짱이인데, 먹이 걱정이 사라져 노래를 마음껏 불러도 되는 베짱이가 된 셈이야. 이제는 예술을 할 때!

오카노야 교수와 미키 박사는 이 과정을 인류사와 비교할 수 있을 거라고 보고 있어. 인류 역시 정주定住 과정을 거쳐 사회를 이뤘고, 협력을 통해 사냥을 하며 식량 문제를 해결했어. 혹시 사람으로 하여금 폭발적으로 '말'을 발달시키게 할 수 있는 여건이 이 때 조성된 게 아닐까. 특히 극히 최근에는 농업혁명으로 이전과는 비교할 수 없을 만큼 식량이 늘었으니까. 물론 십자매 네가 새장에 갇힌 과정과 인류가 사회 안에 들어간 과정을 그렇게 단순히 비교할 수는 없을 거야. 인간 언어가 오직 성선택을 통해 획득됐다면 남성만

이 언어를 획득했어야 한다는 모순도 있고. 경쟁할 다른 가설도 있어. 2014년 2월 영국 과학잡지 <뉴사이언티스트>는 인류의 언어 획득이 성선택과는 관련이 없고, 오직 우연한 변이와 그에 따른 발성 기술의 발달 때문이라는 터렌스 디컨 UC버클리 교수의 주장을 소개하고 있어. 축적된 변이가 발성을 자유자재로 할 수 있게 이끌었고, 그 과정에서 음성과 생각, 생각과 생각을 연결 지을 수 있게 됐다는 거지. 사육(인류의 경우는 사회 건설)이 언어 발생과 관련이 있는 것은 맞지만, 성선택 때문이 아니라 그저 '복잡한 노래를 학습할 능력'을 키웠기 때문이라는 컴퓨터 시뮬레이션 연구 결과도 있어. 아직 인류의 기적이라고 하는 언어의 탄생 비화는 밝혀지지 않았어.[6]

십자매야, 새장에 갇힌 네 삶도 알고 보면 괴롭고 힘든데, 너를 두고 먹을 걱정이 사라졌다느니, 천적이나 잡종교배의 위험이 없다느니 이야기하는 것은 무례한 일이라고 생각해. 자칫하면 '먹고 살 걱정이 사라진 덕에 예술도 할 수 있다'고 오독할 여지가 있다는 사실도, 어쩌면 숱한 예술가들에 대한 모욕일지도 모르겠다. 하지만 그런 의도로 이야기한 것이 아니라는 사실을 잘 알 거야. 연구자들은 언어의 탄생을 이끌어 낸 생태계와 진화의 내적 원동력을 밝힐 수 있을

지 기대하고 있을 뿐이야. 네가 그들의 기대에 적합한 희망을 줄까. 앞으로 연구를 통해 더 알아봐야겠지.

오늘도 도시의 거리는 맑고 밝고, 소란하고, 더럽다. 그 더러움의 일부는 어쩌면 내가 만들었을지도 모르지만, 내가 아니었어도 이 도시는 지금과 크게 다르지 않게 더러웠을 거야. 네가 사는 새장 안은 어떻니. 역시 맑고 밝고 소란하고 더러울까. 그 소란함의 일부는 어쩌면 네가 만들었을지도 모르지만, 네가 아니었어도 인간의 사회는 스스로 획득한 언어 덕분에 꽤나 소란했을 거야.

창문을 통해, 네가 사는 새장의 적요한 그림자를 보며.

비둘기가.[7]

십자매가 공룡에게

말에는 두 가지 종류가 있습니다. 대답을 들을 수 있는 말과 들을 수 없는 말입니다. 노래에도 듣는 이가 있어 귀를 즐겁게 할 수 있는 노래가 있는가 하면, 그저 허공을 울릴 뿐인 노래가 있습니다. 편지 역시 마찬가지입니다. 받는 이가 있어 답장을 받을 수 있는 편지와, 그렇지 못할 게 분명한 공허한 편지가 있습니다. 저, 새장에 갇힌 작고 약한 새는 지금 그 공허한 편지를 부러 쓰려 합니다. 6600만 년 전 어느 날 이 땅을 배회했으나 지금은 사라진 미지의 공룡에게. 지금은 그 후손을 달리 찾을 길 없는 멸종 동물인 그대에게.

공룡이여, 요즘 지구에서는 당신을 추모하는 마음이 강

을 적시고 바다를 이룹니다. 많은 어린이들에게 당신은 지상의 제왕이고 숱한 어른에게는 과거로 향하는 호기심의 창이지요. 비록 한반도에 당신을 전문적으로 연구하는 사람은 극히 일부지만(세계적으로도 100명 안팎으로 의외로 많지는 않습니다), 대중의 관심은 상당해요. 제가 다 뿌듯하네요.

저 십자매는 세상에 존재하는 동족조류을 두 가지 부류로 나눕니다. 하나는 큰 새고 다른 하나는 작은 새입니다. 큰 새는 문화적인 존재이기도 하고, 몸을 지닌 실체적인 존재이기도 합니다. 《장자》 소요유의 붕鵬(하루에 구만리를 날아간다는 상상의 새)은 문화적 존재이고, 2014년 7월 연구 결과가 나온 북미 대륙의 화석종 '펠라고르니스 산데르시*Pelagornis sandersi*'는 실체적 존재입니다. 신생대였던 2500만~2800만 년 전에 살았던 이 새는 날개 펼친 길이만 6.4m에 이르러 생물 역사상 가장 큰 새였다고 합니다. 이 정도면 그대 공룡의 일반적인 크기에 견줘서도 모자라거나 부끄럽지 않은 수준이라고 생각합니다. 반면 저는 말할 것도 없이 작은 새 쪽입니다. 물론 저보다 더 작은 새도 많이 있지만, 저 정도면 사람들의 일상적인 감각 속에서는 충분히 작은 새일 거예요. 그리고 그대에게는 더더욱 그렇겠죠. 지상을 호령하던 거대 동물 공룡이여.

작은 미물인 제가 답장의 기약이 없는 그대에게 무용한 편지를 쓰는 이유는 하나입니다. 그대가 제 조상이기 때문입니다. 최근 공룡 연구계는 바빠졌다고 합니다. 기존에는 조류와 공룡은 서로 다른 동물로 생각했지만, 이제는 새를 '날 수 있는 공룡'으로 보는 시각이 강합니다. 즉 중생대 때의 대멸종으로 대부분의 공룡이 멸종했지만 그것은 날지 못하는 공룡에 국한된 일이고, 날 수 있는 공룡은 지금까지 번성하고 있다는 거죠. 그대가 제가 되고 제가 그대가 되는 도발적인 주장입니다.

새가 날 수 있는 공룡이라는 관점 자체는 아주 새로운 일은 아닙니다. 저는 지금 그 경과를 이야기하려고 합니다. 사람들이 흉포하고 거대하다고만 생각했던 그대가, 작고 연약한 저로 변화한 기적 같이 신비롭고 긴 이야기입니다.

내셔널지오그래픽을 통해 본 공룡 변천사

지금 저는 주인의 책상에 펼쳐져 있는 책의 표지들을 보고 있습니다. 수십 년 전에 나온 미국 잡지 <내셔널지오그래픽>의 표지입니다. 모두 세 권인데, 공교롭게도 표지는 공룡입

내셔널지오그래픽
1978.08

니다.[1] 주인이 그대의 열렬한 숭배자인가 봐요. 첫 번째인 1978년 8월호의 표지는 강렬합니다. 수채화로 복원한 공룡의 모습을 그렸는데요, 몸무게가 6톤에 이르는 티라노사우루스가 자신보다 작은 오리주둥이류 공룡아나토사우루스을 강력한 이빨로 물고 있는 역동적인 모습입니다. 육식공룡이자 백악기 말의 최고 포식자 티라노사우루스가 사냥하는 장면이 뭐가 특이하냐고 반문하는 그대의 모습이 눈에 선합니다. 하지만 놀라지 마세요. 사람들은 그 장면을 신선한 충격과 함께 봤답니다. 이 잡지가 나오기 조금 전까지 사람들이 알던 그대, 특히 티라노사우루스의 모습은 달랐거든요. 아둔하고 굼뜬, 약간 모자란 거대 동물의 모습이요.

공룡은 19세기 말부터 인류의 상상력을 사로잡았습니다. 거대한 크기와 기묘한 모습은 과거에 살았던 이 동물에 대한 관심을 불러일으켰지요. 하지만 대중의 관심은 제 날갯짓보다 가볍습니다. 금세 대중은 관심을 버렸습니다. 왜냐하면 당시 복원됐던 그대의 모습이 꽤나 굼떠 보였기 때문이에요. 1905년도에 그려진 티라노사우루스의 복원 모습을 볼까요. 백수의 왕이었던 티라노사우루스는, 크긴 했지만 마치 일본 영화 <고지라>의 주인공처럼 긴 꼬리를 질질 끌면서 어기적어기적 걷는 모습이었습니다. 앞발은 작고 힘이 없

티라노사우루스 1905 복원 스케치

어 도무지 무슨 기능을 한다고 생각할 수 없었고, 몸무게 때문에 재빠른 사냥은 언감생심이었습니다. 대중들에게 이런 둔한 모습은 그다지 매혹적이지 않았죠. 결국 크기와 기묘한 형상에 열광했던 초기 대중의 관심은 금세 사그라 들었고, 20세기 중반을 넘어서면서부터는 인기도 시들해졌습니다.

하지만 곧 반전이 일어났습니다. 바로 1960년대와 1970년대의 새 발굴과 연구 덕분입니다. 1964년, 미국의 고생물학자 존 오스트롬이 새로운 수각류 발톱공룡을 발굴했습니다. '데이노니쿠스'라는 이름을 붙인 이 공룡은, 두 발로 걷고 키도 사람 키를 넘지 않을 정도로 작았습니다. 몸 길이가 약 3.4m 정도였는데, 그 중 2m는 꼬리였습니다. 하지만 크기가 작다는 사실에 사람들이 관심을 가진 것은 아닙니다. 골격과 자세를 복원한 결과, 꽤나 날렵하고 우아한 몸을 지니고 상당히 날랜 동작을 취할 수 있다는 사실이 밝혀졌기 때문입니다. 빠르고 역동적인 모습의 공룡은 전례 없었지요. 그대는 결코 덩치만 큰 아둔한 동물이 아니었어요. 여기에 일부 공룡이 흔히 파충류들이 보이는 것과 달리, 훨씬 효율적인 에너지 대사를 취할 수도 있고 그에 따라 활발한 활동이 가능했다는 연구 결과가 나오면서 공룡에 대한 인식은 완전히 바뀌기 시작했습니다. 더구나 데이노니쿠스의 골격 구조가 새와 비슷하다는 연구가 이어지며, 그대는 과거의 먼 대상이 아니라 바로 저, 일상에서 늘 보던 새와 아주 가깝다는

데이노니쿠스

사실이 드러났습니다. 그대에 대한 연구는 다시 폭발적으로 늘어났고, 대중은 또 한번 열광하기 시작했습니다. 화석 발굴도 활발해져, 1970년대 이후 기록된 공룡의 수는 과거의 두 배를 넘게 됐습니다. 1975년, 미국의 과학잡지 <사이언티픽 아메리칸>은 이런 붐을 가리켜 '공룡 르네상스'라고 불렀습니다.[2]

공룡 르네상스의 최대 수혜자 중 하나는 어쩌면 티라노사우루스였을지도 모르겠습니다. 티라노사우루스 역시 과거처럼 꼬리를 끄는 둔한 동작을 하는 게 아니라, 꼬리를 세우고 몸을 마치 육상선수처럼 앞으로 구부린 채 날렵하게 움직였다는 가설이 제기됐습니다. 꼬리를 축 늘어뜨린 채 고지라처럼 걷는 1905년의 복원도는 과거의 기억으로 사라지게 됐습니다. 그대는 이제 강한 뒷다리와 턱으로 사냥감을 추격하고 물어죽일 수 있는 무적의 왕 자리를 되찾았습니다. 역사상 가장 드라마틱한 복원 과정을 거친 강대한 그대의 모습은 뭇 사람들의 상상력을 자극했습니다. 그 결과가 반영된 게 바로 1978년 8월의 내셔널지오그래픽 표지입니다. 10여 년 동안의 과학적 연구 성과가 쌓이고 그대에 대한 인식은 완전히 달라졌음을, 이 세계적인 잡지는 표지를 통해 선언했던 것입니다.

내셔널지오그래픽
1993.01

다시 15년의 세월이 지난 뒤인 1993년. 이 해 1월호 <내셔널지오그래픽> 표지는 애틋합니다. 오리주둥이류 공룡의 일종인 사우롤로푸스 어미가 작은 새끼를 앞에 마주하고 있는 그림입니다. 석양인지 하늘에는 붉은 기운이 가득하고, 바닥에는 양치식물 등의 잎이 가득합니다. 기묘한 색과 낯선 공룡의 외양 때문에 분위기는 좀 무섭다는 생각이 듭니다만, 그 앞에 있는 새끼 공룡은 참 귀엽습니다. 게다가 식물이 놓인 이들의 보금자리는, 요즘 저희 새가 만드는 둥지와 많이 닮았습니다. 실제로 이 그림은 그대가 새끼를 부화시키고, 육아까지 했다는 새로운 연구 결과를 바탕으로 했습니다. 1970년대부터 이어진 공룡 르네상스의 붐을 이어 받아, 공룡 연구자들은 새로운 발굴과 연구 결과를 계속 쌓아갔습니다. 그리고 1970년대 말에는 전에 없던 새로운 연구 결과를 내놨습니다. 미국의 고생물학자 잭 호너는 당신이 알을 품었던 둥지를 발굴했습니다. 그대는 이제 잔혹하고 냉정한 동물에서, 모성애가 가득한 따뜻한 동물로 변해갔습니다.

좀 다른 이야기지만, 사람들은 자신들의 행동이나 지능에 대해서는 과대평가를 하고, 다른 동물에 대해서는 과소평가를 하는 경향이 있습니다. 앞서 제게 편지를 보내준 비둘기 씨가 서운한 마음을 표시한 적이 있는데, 비둘기의 인지

능력이나 계산 능력, 전략적 판단이나 학습을 하는 능력, 기억력 등을 보고 사람들은 놀랐다고 하너군요. 이런 놀라움은 애초부터 잘못된 편견을 가졌기 때문일 가능성이 높습니다. 동물에게는 사람과 비슷한 종류의 능력이 없다는 편견이요. 하지만 사실 동물은 원래 사람 못지 않은 인지, 계산, 판단, 학습, 기억 능력을 보편적으로 갖고 있는데, 그저 사람들이 인정하지 않아 왔을 가능성이 높습니다. 사람들은 자신들이 지닌 숭고한 희생이나 모성애를 애틋하게 생각하는데, 동물 역시 그에 못지않게 애틋한 모성애를 지니고 있습니다. 그 주인공이 오래 전에 살았던 공룡이라고 해서 다르지는 않겠지요. 거대한 몸집에 흉포한 외양을 지닌 파충류라고 해서, 사람에게서 볼 수 있는 많은 능력과 행동이 결핍돼 있을 거라고 믿는 것은 지나친 오만일 것입니다.

5년 뒤인 1998년 7월, 내셔널지오그래픽은 다시 공룡으로 표지를 장식했습니다. 그런데 그 모습이 아주 특이합니다. 이전과는 전혀 다른 모습이거든요. 사실 이 표지는 제 눈길을 유독 끄는 표지입니다. 바로 깃털을 단 그대의 모습입니다. 이 호의 커버스토리 제목은 '공룡이 날개를 얻다'이고 부제는 '새의 탄생'입니다. 이제 비로소 그대와 저의 관계가 명확해졌습니다. 그대의 일부가 날개와 깃털을 얻고, 그

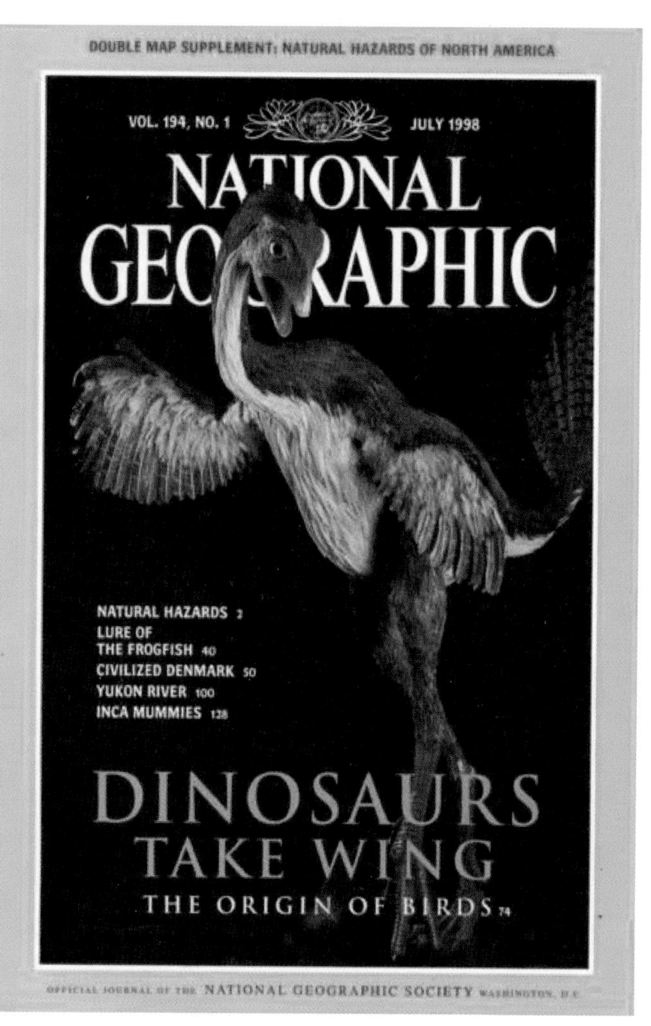

내셔널지오그래픽
1998.07

중 일부가 바로 제가 된 길고 긴 사연이 맺은 인연 말입니다.

때는 1990년대 중반, 장소는 중국 북동부 랴오닝성이었습니다. 화석 발굴자들이 이상한 파충류 화석을 발굴했습니다. 몸을 덮은 이상한 필라멘트 구조가 보였습니다. 학자들은 원시적인 깃털로 몸이 덮여 있었을 것으로 추측하고, 이 새로운 종에 '중국에서 나온 첫 번째 깃털 공룡'이라는 뜻의 이름(시노사우롭테릭스 프리마)을 붙였습니다. 깃털을 지닌 화석종이 발견된 것은 처음이 아니지요. 이미 19세기 중후반에 1억 5000만 년 전에 살던 새의 조상, 일명 '시조새(아르카에오프테릭스)'가 있었으니까요. 하지만 중국에서 새로 발견된 동물은 새라기보다는 공룡에 가까웠습니다. 시기는 약 1억 2000만 년 전으로 시조새보다 늦게 살았지만요. 학자들은 이 공룡의 직계 조상을 찾으면 어쩌면 공룡이 새로 진화하는 모습을 더욱 확실히 밝힐 수 있을 것이라고 생각했습니다.

깃털공룡의 발견은 그대의 모습을 크게 바꾼 일대 사건이었습니다. 알려져 있던 상당히 많은 수각류 공룡들이 원시적인 깃털로 몸을 덮고 있었다는 사실이 속속 밝혀졌습니다. 영화 <쥬라기공원>으로 유명해진 벨로키랍토르, 공룡 르네상스를 불러온 데이노니쿠스 등, 당시 알려져 있던 수많은 공룡이 깃털을 지닌 모습으로 다시 그려지기 시작했습니다. 이제 수각류 공룡에게 깃털은 당연한 모습으로 받아들여지기 시작했습니다. 이들 가운데 새가 진화돼 나왔다는 사실도 더 이상 낯설거나 거부감이 느껴지는 일이 아니게 됐습니다. 새와 수각류 공룡의 해부학적 골격 구조를 비교하는 연구도 늘었고, 과감하게 "새가 곧 공룡"이라는 표현도 나오기 시작했습니다. 1998년도의 <내셔널지오그래픽>은 바로 이 시점에서 저 새와 그대 공룡 사이에 가까운 관계가 있음을 확실하게 선언하고 있습니다. 벨로키랍토르와 새의 몸 구조를 비교한 기사 꼭지의 소제목은 '당신의 뒷마당에 공룡이 있다'입니다. 이제 사람들은, 시간의 간극을 넘어 그대와 저를 하나의 동물로 사고하기 시작했습니다. 그대가 곧 저고 제가 곧 그대가 됐습니다. 저는 살아남은 그대이고, 그대는 저를 남기고 홀연히 사라진 오래 전의 저입니다.

멸종을 견딘 진화의 비밀은 변화

1억 5000만 년이라는 긴 중생대 내내 지상을 호령했던 그대. 하지만 이제는 그 기간을 2억 3100만 년으로 늘려서 이야기해야 할 것 같습니다. 당장 영문 '위키피디아'의 공룡 항목을 찾아보기만 해도, 지구상에 존재했던 기간이 '2억 3100만 년 전부터 현재까지'로 바뀌어 나옵니다. 이 기준에 따른다면, 그대는 멸종하지 않았습니다. 그저 모습을 바꿨을 뿐입니다. 그대는 변함으로써, 큰 변화를 겪은 세계 속에서 여전히 번성하고 있습니다. 그대가 변화한 모습 중에 저도 있습니다. 작고 연약하며, 새장에 갇힌 채 사람이 주는 먹이를 먹으며 노래나 불러대는 새인 저. 하지만 이 모습 역시 변화와 적응의 한 가지 사례가 아닐까요. 복잡한 생태계의 기본 속성인 다양성과 변이 덕분에, 그대는 절멸의 위기를 딛고 지금도 살아 있습니다.

이 편지는 분명히 수취인 불명으로 반송될 것입니다. 그대는 지금 이 세상에 없습니다. 뭇 새들은 그대가 곧 자신이라는 사실에 관심이 없을 것이고, 혹여 받아들이더라도 그게 무엇이 중요하냐고 생각할 수도 있습니다. 그렇습니다. 중요하지 않습니다. 그저 관점이 바뀜에 따라, 그대는 존재하지 않는 과거의 생명에서 존재하는 현재의 생명으로 다시 정의됐을 뿐입니다. 그저 그 차이뿐입니다. 생명은 처음 지구상에 나타났을 때 이후로 면면이 이어져 왔습니다. 어쩌면 다양한 형태와 크기를 하고 전 지역에 퍼져 있는 뭇생명이 모두 하나의 생명의 다양한 모습은 아닐까 생각해 봅니다. 생명은 마치 제 친구 물닭이 잠수를 하다 잔잔한 수면 위로 고개를 내미는 것처럼, 그저 때때로 떠오르고 때때로 가라앉는 것일지도 모르겠습니다. 저는 떠올랐고, 당신은 가라앉았습니다. 수면 아래에 있던 생명의 전체 몸체는 어쩌면 단 한번도 사라진 적이 없을지도 모릅니다. 그대도 나도 인간도 모두 생명이라는 하나의 몸에서 나온 다른 표현입니다.

공룡이여, 저는 그대로부터 답장을 기대하지 않습니다. 하지만 답장을 받지 않더라도, 그대가 태고적부터 지금까지 제 안에 있음을 의심치 않습니다. 제가 사라진 이후까지 함께 있을 것 역시 의심치 않습니다.

십자매 올림.

이 편지는 수취인 불명으로 반송되었습니다.

PART 3

경쟁과 협력

: 생의 태(胎)에 대하여

버펄로가 사자에게

사자가 네안데르탈인에게

(수취인 불명)
네안데르탈인이 인간에게

사라져 가는
것들의
안부를 묻다

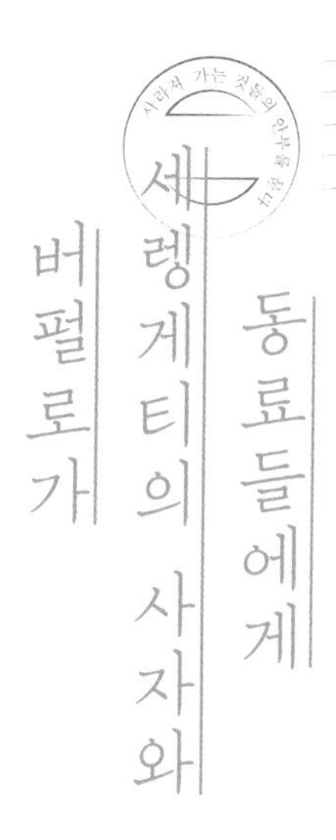

보내는 사람: 아프리칸 버펄로 buff_dream@animal.org
받는 동물: 초식남 사자 씨 lionking@animalkingdom.org
참조(CC): 기린 giraffe9@animal.org

나의 친구 사자 씨에게

오랜만이에요 사자 씨. 요즘도 채식 습관은 잘 유지하고 계신가요. 당신의 별난 식습관은 제 동료들 사이에서도 유명해요. 사자가 고기를 먹지 않고 풀을 즐겨 먹는다니, 얼마나 기이해요. 제 동료들 사이에서는 당신이 실제하는 사자가 아니라, 인터넷 공간에 떠도는 SNS가 만들어낸 가짜라는 소문이 파다해요. 하긴 저도 당신과는 메일과 트위터로만 이야기를 나눠봤으니 실체를 알 길이야 없지요. 인스타그램의 당신 식탁 사진을 봐도 정말 풀을 먹는 건지, 장식만 해놓은 건지 알 수 없고….

하지만 이 모든 의심에도 불구하고 전 초식하는 사자, 당신이 실재한다고 믿고 있어요. 당신 역시 편지를 보내는 미지의 아프리칸 버펄로인 제 실체를 믿어야겠죠. 이렇게 서로가 서로의 존재를 확인하지 않고도 믿어주는 것. 물리적인 실체와 별개로, 가상의 존재에도 긍정하는 마음을 갖는 것. 그게 스마트폰과 SNS가 지배하는 요즘의 새로운 윤리학의 기초가 아닐까 생각해요.

제가 당신에게 메일을 쓰는 것은 꼭 당신에 대해 이야기하기 위해서만은 아니에요. 저를 포함해, 이곳 아프리카 세렝게티에 사는 모든 짐승들에게 할 말이 있어서 보내는 메일이에요. 당신이 흔히 '백수의 왕'이라는 별명으로 불리기에, 대표로 당신에게 메일을 쓰는 것뿐이지요. 물론 당신의 사연도 기구해요. 명색이 왕인데, 당신 역시 사람이 정한 보호 구역에 살면서 가끔은 돈 많은 호사가들이 하는 합법적인 '사냥'에 희생되잖아요. 아무리 연간 몇 마리 정도로 수를 정해 놓고는 있다지만, 나이 들어 무리의 우두머리 자리에서 물러난 불쌍한 노년의 당신을 몰아 놓고 총으로 쏘아 죽이는 일이 아무렇지도 않게 일어나지요. 이런 사냥이 벌어질 때면, 총

쏘기에 익숙하지 않은 호사가가 혹시라도 미수에 그쳐 역공을 당할까봐 주변에 베테랑 현지 사냥꾼이 대기하고 있다는군요. 혹여 당신이 저항이라도 할라 하면 그대로 숨통을 끊기 위해서요. 날카로운 발톱을 지닌 우람한 앞발과 그 어느 동물이라도 단 한 번에 목을 꺾을 수 있는 강한 턱을 지닌 당신이, 하이에나나 코끼리 같이 세렝게티의 원래 구성원이 아닌, 멀리 유럽이나 아메리카 대륙에서 온 사람의 총에 속수무책으로 죽는 모습을 저는 눈 뜨고 보지 못하겠습니다. 아무리 제 천적일지라도 말이에요. 강한 근력도 날카로운 발톱도 없는 인간이, 화약의 힘으로 무장한 총과 유압으로 작동하는 자동차로 백수의 왕을 사냥하는 것이 과연 올바르고 이치에 맞는 일일까 회의하게 됩니다. 문득, 당신이 육식을 버리고 초식을 하게 된 계기가, 이렇게 어그러진 아프리카 생태계에 대한 반발과 반항에서일지도 모른다는 생각이 스치네요. 당신은 세렝게티의 현자로 거듭난 걸까요. 물론 꿈보다 해몽에 불과한 해석일지도 모릅니다만.

장황한 이 메일이 당신에게 잘 전달됐을지 궁금합니다. 당신은 작열하는 한낮의 태양을 피해 축 늘어져 잠을 자잖아요. 서너 마리의 암컷이 주위에서 단추만큼 작아진 눈으로 더위와 싸우고 있는 사이에, 당신은 마치 배를 드러내고

세렝게티의 사자

누운 개처럼 벌렁 누워 늦도록 잠을 청하곤 하지요. 머리가 유독 큰 데다 온몸이 털과 갈기로 뒤덮여, 당신에게 한낮 아프리카의 태양은 체온을 올려 생명을 앗아갈 수 있는 위험하고 혹독한 대상일 뿐이지요. 더위와 맞서 싸울 장사가 어디 있겠어요. 그늘에 앉거나 누워서 쉬는 수밖에요. 개처럼 축 늘어져서…. 아, 개에 비유할 때마다 당신이 왜 움찔거리는 느낌이 들까요. 혹시 지금 저에게 화내고 있나요? 그래도 명색이 고양잇과 동물의 수장인데, 늘어진 개라는 비유는 부적절하다고 항의하시는 건가요? 아니면 그저 개라는 말이 듣기 싫어서…? 오해하지 마세요. 저는 당신이 초식이라고, 사냥 따윈 하지 않는다고 조롱하는 그런 천박한 버펄로가 아니에요. 더구나 개 같다고 하는 말을 비하의 의미로 쓰는 건 동물을 천대하는 일부 사람이나 하는 나쁜 짓이잖아요. 우리, 같은 동물끼리는 서로 비하하는 말로 이용하지 말아요. 개는 개, 당신은 사자, 저는 버펄로. 모두가 귀하고, 소중합니다. 우리끼리라도 동물의 자존심을 서로 지켜주고 세워주자고요.

아무튼 그런 당신이 깨자마자 볼 수 있도록 이 e메일을 당신의 배 위에 프린트해 두려 하는데, 당신은 과연 제 때에 제 메시지를 볼 수 있을까요? 아마 당신은 세렝게티의 초원에 저녁이 찾아왔을 때에야 게으른 잠에서 깨어 천천히 자리에서 일어나겠죠. 눈을 비비다 말고 쪽지를 본 당신이 과연 어떤 표정을 지을지 궁금하네요. 뭔가 못 볼 걸 봤다는 듯 격하게 눈을 비빌까요. 아무리 한낮이라도 일개 초식동물인 저 버펄로가 바로 코앞까지 와서 글을 놓고 갔다는 사실에 불같이 화를 낼까요. 하지만 당신이 아무리 초식남이라고 해도, 나무 펄프로 만든 종이는 소화시키지 못할 거예요. 괜히 발기발기 찢는 데 당신의 소중한 에너지를 허비하지 않기를 바랍니다. 더구나 당신은 초식하는 사자인데다, 지금은 태양의 위세가 등등한 건기예요. 아마 기척에 잠을 깨 근처에 온 저를 봤다 해도 사냥할 마음은 들지 않았을 거예요. 그러니 너그럽게 생각하고 메일을 읽어주세요. 그래도 혹시 백수의 왕 앞에 한가로이 다가왔가 가도록 방치했다는 생각만으로도 피가 거꾸로 솟는다면, 사과 드릴게요. 그래도 저를 찾아 해치는 일만은 참아 주셨으면 좋겠어요. 당신이 지금 저를 잡아 먹어 버린다면, 이 책은 마지막에 다다르지 못하고 그냥 끝나 버리니까요. 그건 독자도, 제 대신 이 메일을 써주고 있는 필자도 원치 않는 일이에요. 무엇보다, 제가 이렇게 억지를 부리는 데엔 다 이유가 있어요. 비밀은 메일이 끝날 때쯤 알려 드리지요.

'동물의 왕국'의 대명사, 세렝게티

세렝게티는 동아프리카 탄자니아 북부에 있는, 대한민국 경기도의 약 1.4배 넓이에 달하는 거대한 초원의 이름이에요. 탄자니아의 국립공원으로 지정돼 있죠. 이곳의 이름은 세로네라. 세렝게티 전체 지도를 놓고 봤을 때, 배꼽에 해당하는 한가운데 지역이에요.[1]

세렝게티는 동물의 세계에 관심을 갖는 사람들에게는 대명사와도 같은 곳이에요. 영화 <말아톤>에서 주인공을 매료시킨 것도 세렝게티를 뛰어노는 얼룩말이지요. <동물의 왕국>이라는 텔레비전 프로그램을 떠올려 보세요. 길지 않

세렝게티 초원

버펄로

은 풀이 무성하게 자란 초지에서 사슴 같이 생긴 임팔라나 가젤이 깡총대거나, 하마가 진흙이 섞인 더러운 물에서 느릿느릿 움직이는 모습이 떠오르지 않나요? 무리를 이룬 저희 아프리칸 버펄로들이 잔뜩 방어태세를 갖추고 있는 가운데 치타 서너 마리가 주위를 어슬렁거리는 장면도 전형적인 사바나의 일상이에요. 때로는 어둑한 저녁에 당신네 사자가 얼룩말이나 기린을 추격한 끝에 사냥에 성공하고, 축 늘어진 불쌍한 초식 동물의 목을 물고 앉아 있는 장면도 빠지지 않아요. 아, 이렇게 말하고 보니 당신이 새삼 무섭게 느껴지네요. 다시 한번 말씀 드리지만, 저 잡아먹지 마세요.

당신이 떠올린 위의 장면들은 모두 세렝게티 초원에서

매일 벌어지는 일상입니다. 그리고 그 일상이 자연 다큐멘터리 <동물의 왕국>의 대표적인 장면이 될 정도로, 사람들에게 세렝게티는 오늘날 동물의 대명사랍니다. 왜 그런 거 있잖아요. 단 한 장의 그림으로 어떤 시대나 상황을 설명하는 경우요.

예를 들면, 고생물학 책에 자주 등장하는 미국 스미소니언 자연사박물관의 그림이 그렇죠. 신생대 에오세, 마이오세, 플라이오세 등 특정 시대의 대표적인 동물상과 식물상을 한 장의 그림에 묘사한 그림이요. 이 그림은 보기에 좀 부자연스러워요. 한 장의 그림에 온갖 종류의 생태계(초원, 숲, 물가, 사막 등)를 두루 보여주고, 그 안에 사는 날짐승, 들짐승들을 가득 그려 놓았어요. 동물 밀도만 따지면 오늘날의 동물원 안보다 더 높을 것 같아요. 좁은 지역에 초식, 육식, 잡식 가릴 것 없이 수십 종의 동물이 섞여 있지요.

저는 이 그림을 이렇게 이해해요. 성경에 나오는 '노아의 방주'의 고생물학 판이라고요. 만약 5000만 년 전 에오세의 동물을 모두 조사한 뒤 종마다 두세 마리씩 방주에 실은 다음, 다시 어떤 땅에 풀어놓은 직후의 모습이 바로 그림 속의 모습이 될 거라고요. 그러니까 그림 속의 풍경은, 당시 동물의 실제 개체수나 밀도, 개체별 개성은 반영하지 않은 채 오

신생대 에오세 상상도 미국 스미소니언 자연사박물관

로지 종의 '종류'와 특징만 반영한 상징적인 그림이지요. 그 안에 동물 개개의 삶은 없어요.

그리 낯설지는 않아요. 사람들이 각종 전통 의례 장면을 기록한 그림(조선 시대라면 '의궤'가 그 예지요)을 보면, 실제 개개인의 개성은 사라지고 겉으로 보이는 복식 등 '특성'과 '직책'만이 기록돼 있지요. 직책은 동물로 따지면 종에 해당할 요소예요. 이 그림은, 결코 객관적인 시각적 대상으로서의 '풍경'을 기록한 그림이 아니에요. 일본 사상가이자 문학평론가 가라타니 고진이 <풍경의 발견>(≪일본 근대 문학의 기원≫ 중)에서 말한 풍경과는 전혀 다르지요. 외부에 객관적으로 존재하는 대상으로서의 풍경이 아니라, 마치 서양 중세 회화 속 자연이나 동양 산수화의 산천처럼 개념적인 대상으로서의 그림일 뿐이거든요. 비현실적인 풍경으로, 굳이 비유하자면 일종의 아이콘이라고 할까요. 기호와 크게 다르지 않은 가짜 풍경이에요.

이 그림은 대신, 풍경을 구성하는 요소를 '기능'과 '외양적 특성'이라는 두 가지로 단순화시킨 뒤 이들을 중심으로 진짜 풍경을 해체하고 재구성해 만든 비현실적인 풍경이에요. 오로지 정보 전달 또는 기록만을 목적으로 하지요. 이 그림에 나온 동물들의 삶은 이 그림에 나타나 있지 않아요. 하지만 이런 최소한의 정보라도 유용할 때가 있지요. 우리는 스미소니언 박물관의 그림을 통해, 당시 지구의 육상이 어떤 환경이었고, 어떤 동물들이 살았는지를 한 눈에 알 수 있어요.

만약 오늘날 어떤 동물이 지구에 살고 있는지를 요약해서 보여주는 그림을 딱 한 장 그린다면 어떤 그림이 될까요. 혹시 사람이 가득한 광경일까요. 사람이 70억 개체수로 지구상 그 어떤 대형포유류보다 개체수가 많은 건 사실이지만, 그렇다고 지구 모든 곳이 사람만으로 가득 차 있지는 않아요. 물론 사람이 살지 않는 지역이 드문 건 사실이지만요, 지구의 주민이 사람뿐인 건 아니랍니다.

사실 지구에는 굉장히 다양한 식생과 생태계가 존재하고, 지역에 따라 동물상도 많이 달라요. 북극여우와 북극곰이 사는 극지방과 왈라비가 사는 호주, 오랑우탄이나 긴팔원숭이가 사는 동남아시아 열대우림의 모습이 비슷하게 그려질 리는 없지요. 마찬가지로 세렝게티의 모습 역시 다른 지역과 크게 다른, 개성이 넘치는 동물 생태계를 보여 줘요. 이들 중 어느 하나만 혼자서 현재 지구의 동물상을 대변한다고 볼 수 없겠지요. 그렇지만 희한하게도, 많은 사람들에게 자신의 마음 속에 있는 '동물의 왕국' 장면을 말해보라고 하면,

하나같이 세렝게티의 초원 풍경을 가장 먼저 떠올립니다. 치타가 풀을 가르며 달려가고, 누 떼가 아수라장을 이루며 도망가고, 배가 불룩하고 다리가 짧은 하이에나가 고개를 숙이고 코를 땅에 박은 채 종종걸음으로 걷고, 얼룩말이 달리고 타조가 고개를 갸우뚱하고, 사자가 눈이 부신 듯 실눈을 뜬 채 그늘에서 더위를 피하고, 그 주위를 파리떼가 날아다니고, 나무 위에 올라앉은 표범이 가끔 자세를 바꾸며 뱀 같이 긴 꼬리를 흔드는 장면을요. 하마가 뜨뜻해 보이는 더러운 웅덩이에 몸을 담근 채 긴 울음 소리를 내고, 톰슨가젤이 깡총대며 가벼워 보이는 엉덩이와 작은 꼬리를 방정맞게 흔들고, 저 아프리칸 버펄로가 너른 들판에서 풀을 뜯는 장면을요. 누 떼가 길고 긴 순례의 길을 시작해, 남쪽 탄자니아에서 북쪽 케냐까지 이동하는 대하드라마를요.

확인된 건 아니지만, 저는 그게 사람들의 마음에 새겨진, 오래된 진화적 선택의 결과라고 생각합니다. 인간 즉 호모 사피엔스는 약 15만 년 전 동아프리카 지역에서 태어났고, 약 8만 년 전에 아프리카 밖으로 나가 전 세계로 퍼졌어요. 그 과정에서 기존에 세계에 퍼져 살던 여러 친척 인류는 사라졌지요. 이들이 호모 사피엔스 때문에 밀려 사라졌는지, 서서히 인류에 흡수됐는지는 여전히 논란이 많아요.

그건 나중에, 멸종한 친척 인류인 네안데르탈인이 사람들에게 보내는 마지막 편지에서 언급한다고 하니까, 우리 조금 기다려 봐요.

아무튼 사람과 그 조상들인 여러 호모 속(속은 종보다 큰 생물 분류 단위에요. 같은 속에 속한 종들은 비유하자면, 서로 사촌지간이에요)은 약 200만 년 전에 역시 동아프리카에서, 그리고 그보다 조금 더 먼 친척인 오스트랄로피테쿠스 역시 동아프리카 지역을 중심으로 진화했어요. 그래서, 혹시 그 때의 풍경을 알게 모르게 고향의 풍경처럼 기억하는 게 아닌가 생각되기도 해요.

진화심리학자인 전중환 경희대 교수가 쓴 ≪오래된 연장통≫이라는 책을 보면, 인류가 선호하는 '이발소 그림 같은' 목가적 풍경은 진화적으로 선택된 결과라는 내용이 나와요. 적당한 구릉이나 산이 있고, 구불구불한 길이 보이며 적당히 식물이 우거져 있고, 물이 졸졸 흐르고 있죠. 작품의 품격이 다르긴 하지만, 조선 전기 화가 안견의 몽유도원도 같은 '환상적 풍경'도 대부분 이런 공식에서 그다지 벗어나 보이지 않습니다. 탁 트인 초원에서 살던, '힘 없고 빽없는' 인류는 무서운 육식 맹수로부터 스스로의 힘으로 몸을 보호해야 했고, 따라서 숨을 공간이 적당히 있는 굴곡이 있는 풍경에 아늑함을 느낀다는 것이지요. 물이 있는 풍경을 좋아하는 것은(이발소 그림에 작은 폭포가 빠지는 때는 없죠. 아파트 단지에 작은 하천이라도 없으면 꼭 분수라도 만들어야 직성이 풀리는 게 사람이라니까요!), 사바나가 물이 부족한 환경이었기 때문에 그만큼 '귀한' 자원 대접을 하는 거고요.

이와 비슷하게, 사람들은 몇만 년 전 이후 아프리카 외에서도 살게 됐고, 특히 최근 1만~2만 년 전에는 태평양 한가운데의 작은 섬까지 전 세계 거의 모든 육지에 발자국을 찍었습니다. 그러는 중에, 이들이 보고 접한 동물도 많이 달라졌어요. 대부분의 사람들은, (동물원이라는 게 생긴 최근 몇백 년 전 이전까지) 대부분 기린이나 사자, 얼룩말 같은 아프리카 초원의 동물은 평생 본 적도 없이 살았습니다. 중국이 명나라 때 정화의 대함대를 앞세워 세계와 활발히 교역했는데, 당시 아프리카의 왕국과도 교역해서 기린을 중국 땅에 데려온 적이 있어요. 그때를 기록한 그림이 남아 있는데, 목이 긴

중국 땅에 들어온 기린

이 동물을 다루지 못해 쩔쩔매는 듯한 모습이 인상적이지요. 이 기린이 제대로 천수를 누렸을지는 미지수입니다. 아마 낯선 환경에 시름시름 앓다 일찍 죽었겠지요.

당시는 물론이고 극히 최근까지, 기린을 직접 본 사람은 물론, 존재를 아는 사람도 극히 일부에 불과했을 것입니다. 그런데 텔레비전과 여행이 대중화하자 단박에, '동물의 왕국'의 대표는 다시 아프리카 사바나가 됐습니다. 사람의 마음 속에서 '동물'은 여전히 수만 년 전 그들의 조상을 위협했던 맹수와, 그들과 먹이를 놓고 다투던 경쟁자 혹은 사냥감이었던 사바나의 동물들이 본능적으로 떠오르는 것 같아요.

야생의
배꼽에 오다

주변에 산도 별로 보이지 않는 평원이라 잘 모르시겠지만, 여기는 사실 굉장히 높은 지대랍니다. 사자 씨는 스마트폰이 없지요? 사람들은 그걸로 고도도 확인하는 것 같더라고요. 해발고도는 1542m라고 나와요. 뭔가 잘못된 것 아닌가 해서 고개를 흔들기 쉽지만, 잘못된 게 아니에요. 실제로 세렝게티는 전체 해발고도가 900~1500m 정도랍니다. 지리

산 노고단 높이가 1507m니 어지간한 산보다 높은 곳이 수두룩한 셈이에요.

세렝게티는 적도 바로 아래에 있는 열대 사바나 지역이에요. 우기와 건기가 반복되죠. 우기에는 밖에 돌아다니기도 어려울 정도로 비가 쏟아 붓고, 건기에는 먼지가 폴폴 날릴 정도로 바닥이 바싹 말라요. 그러다 보니 키가 큰 나무가 많지 않고 사람 발목 아니면 무릎 높이 정도의 초본 식물들이 많이 자라고 있어요.

기후와 식생 때문에 세렝게티에 사는 약 500만 마리의 동물 중 200만 마리의 초식동물들은 계절에 따라 드넓은 초원의 외곽을 시계방향으로 빙 돌며 이동한답니다. 시기에 따라 야생동물이 발견되는 장소는 매년 일정해요. 11월부터 5월 사이에는 세렝게티의 남동부에서 풀을 뜯고, 7~8월에는 최북단인 마사이마라에 가죠(마사이마라는 '마사이족의 땅'이라는 뜻이에요). 세렝게티는 탄자니아에 속하지만, 초원 가장 북쪽 마사이마라는 케냐에 속해요. 동물에게는 국경이 없기 때문에, 가장 혹독한 건기를 피해 아무런 제약 없이 유유히 케냐로 건너간답니다.

대이동 모습이 잘 안떠오른다고요? 그동안 자연 다큐멘터리에서 당신네 사자나 치타가 용맹하게 사냥하는 장면만

초원의 누(윌더비스트)

틀어주니 스스로가 주인공이라고 생각하시나 봐요. 세렝게티의 진면목은 육식동물이 펼치는 잔혹하고도 극적인 이벤트가 아니라, 바로 우리 초식동물이 펼치는 대이동이랍니다. 같이 차를 타고 한 시간쯤 남동쪽으로 이동해 보죠. 응두투 지역과 그 동쪽의 또다른 국립공원인 고롱고로 지역인데, 아마 깜짝 놀라실 거예요.

저기 동물 떼가 보이나요? 초원에 자유로이 흩어져 풀을 뜯거나 앉아 쉬고 있죠. 500만 마리의 동물 중 가장 개체수가 많은 누(윌더비스트, 위 사진)예요. 약 150만~200만 마리가 살고 있죠. 세렝게티 야생동물 전체의 30~40%를 누 한 종이 차지하고 있는 셈이에요. 물론 세렝게티에는 누 외에도

많은 야생동물이 있어요. 얼룩말 25만 마리, 톰슨가젤 40만 마리 등 초식동물이 수가 많죠. 특히 고롱고로 국립공원에 가면 초원 위에 평원얼룩말들이 '벌렁' 누워 있는 평화로운 풍경을 볼 수 있어요. 의심이 많아 평소 절대 엎드려 자지 않는 얼룩말인데, 역시 야생동물의 천국답게 천하태평이네요. 근데 당신, 설마 이 편지를 읽으며 군침을 훔치고 있는 건 아닌가 모르겠어요. 식욕으로 속이 쓰리다고요? 미안해요. 괴롭게 할 생각은 아니었는데.

누는 수염도 나 있고 뿔도 있으며, 덩치도 꽤 커 힘도 세 보여요. 하지만 대단한 겁쟁이랍니다. 차만 지나가도 몸을 둔하게 일으켜 허둥지둥 피하거든요.

누는 저와 달리 머리가 별로 좋아 보이지 않지만, 그래도 이동할 때 보면 기특해요. 마치 개미 떼가 이동하듯 한 줄로 늘어서서 질서정연하게 걷는다니까요. 이런 표현은 이상하지만, 꼭 개미떼 같아요.

자, 다시 세렝게티의 중심, 세로네라 이야기로 돌아가기로 해요. 탄자니아는 세렝게티를 비롯해 동아프리카의 대표적인 야생동물 보호지역 15개를 국립공원으로 지정했는데, 이곳을 체계적으로 관리하고 연구하기 위해 국립연구소를 세웠어요. 바로 '탄자니아 야생동물연구소TAWIRI, 타위리'예요. 타위리는 1980년 처음 세워졌어요. 탄자니아 동북부에 있는 제4의 도시인 아루샤에 본부가 있고, 세렝게티 등 네 곳에 지역 거점 현장 연구센터를 두고 있죠. 세렝게티 연구센터도 거점 연구센터 중 하나예요. 세계적인 동물학자 제인 구달이 침팬지를 연구한 곳 아시죠? 그 연구소도 탄자니아 서부에 위치한 타위리의 지역 거점 연구센터인 곰베-마할레 연구센터랍니다. 이렇게 본부와 연구센터 네 곳에 석박사급 연구원과 직원 114명이 야생동물의 생태와 건강을 연구하고 관리하고 있어요(2013년 기준).

타위리는 1980년 세워졌지만, 탄자니아와 아프리카의 야생동물 연구 역사는 1950년대로 거슬러 올라가요. 독일인 연구자들이 들어와 연구소를 세우고 야생동물 연구를 시작했거든요. 이 연구소가 세렝게티 연구소가 됐고, 이를 모태로 타위리가 생겼어요. 세렝게티 연구센터는 지금은 타위리의 조직 중 일부지만, 사실 탄자니아는 물론 아프리카 야생동물 연구의 역사 그 자체랍니다. 센터 안을 보시면 1950년대에 독일 연구자들이 남긴 도감이나 사진, '1972년 완공' 현판이 뚜렷한 건물 등 세월의 흔적을 쉽게 발견할 수 있어요.

세렝게티 연구센터는 야생동물의 앞마당이에요. 종종 코끼리가 지나가는 모습도 볼 수 있는데, 사람이 있든 말든 태연하게 걸어가는 모습이 뭔가 거짓말 같죠. 여기 처음 오는 사람들은 이런 초현실주의적인 광경을 보고 꼭 사진을 찍겠다고 달려가는데, 대단히 위험해요. 바람이 코끼리 쪽에서 불어올 때라면 그나마 괜찮겠지만, 반대로 바람이 코끼리 쪽으로 불면 접근하는 사람 냄새를 맡고 흥분해 돌진할 수 있거든요. 사진도 중요하지만, 여기가 세렝게티라는 걸 사람들이 좀 잊지 말았으면 좋겠어요. 말을 정 안 듣겠다 싶으면 사자, 당신이 가서 좀 말려 주세요. 아마 당신 갈기만 멀리서 봐도, 사람들은 그대로 얼어 붙어서 당장 사진기 따위 집어던지고 혼비백산 물러날 테니까요.

옆에 기린이 나뭇잎을 뜯고 있군요. 보통 사람이나 자동

세렝게티 연구센터

차가 지나가도 그냥 멀뚱히 쳐다보기만 하고 도망을 가지 않아요. 긴 혀로 아카시아 잎을 훑은 뒤 질겅질겅 씹으면서 가만히 사람과 눈을 마주치기도 합니다. 카메라를 들이대도 놀라지 않아요. 길이가 팔뚝만한 망원렌즈가 얼굴에서 쭉 나오는데도 어떻게 그리 태연한지 모르겠어요. 혹시 머리가 나쁜가 의심도 됩니다만, 단지 야생의 생리를 본능적으로 알기에 보여주는 습성일 뿐이지요. 당신과 같은 육식 포식자가 호시탐탐 목숨을 노리는 죽음의 환경에서, 매 순간 긴장한 상태로 살다가는 그 어떤 초식동물도 제 명을 못 채울 것입니다. 그래서 동물은 '스트레스'라는 체내 반응을 개발했습니다. 네, 사람들이 직장 상사 또는 학교 선생님의 지시를 받을 때, 자신보다 강하고 우월한 상대 앞에서 주눅이 들 때, 중요한 시험이나 발표를 앞두고 있을 때 늘 받는다고 하는 바로 그 스트레스입니다. 스트레스 반응은 평소 태평한 상태를 유지하던 동물이, 목숨이 위태로워진 상태를 맞았을 때 순간적으로 몸과 정신을 각성시켜서, 최대한 '위기 탈출'에 적합하도록 몸을 준비시키는 생리 반응입니다. 흔히 '스트레스 호르몬'이라고 불리는 코티솔 호르몬이 분비되면서 소화나 생식 등 당장의 탈출에 도움이 되지 않는 생리 현상은 억압합니다. 대신 심장이 힘차게 펌프질하면서 사지 근육에 혈액을 공급해 바로 달릴 수 있게 준비를 시킵니다. 동공을 키워 시야를 최대한 확보하고, 급격한 혈관 팽창과 그로 인한 체온 상승을 상쇄하기 위해 사람의 경우 땀구멍을 열어 땀도 흘리게 하지요. 이제 남은 것은? 걸음아 날 살려라, 하며 도망치는 일입니다.[2]

기린 역시 이런 신체 반응을 잘 갖추고 있습니다. 이 반응의 장점은, 평소에는 스위치를 꺼둘 수 있다는 것입니다. 매 순간 긴장 상태를 유지한다면 기린은 과도하게 긴장한 상태로 평생을 살아야 해 너무나 힘들 것입니다. 그래서 위험이 별로 없는 평소에는 태평한 상태를 유지하다가, 진짜 위협이 감지되면 그 때야 스트레스 반응의 스위치를 켜고 위기를 탈출하는 것입니다. 사람이 카메라 렌즈를 들이대는 행위는, 기린에게는 위협이 되지 않습니다. 그러니 눈으로 카메라를 주목하면서도 태평하게 아카시아 잎이나 혀로 쓸어 먹고 있는 것이지요. 하지만 사자에 대해서라면 다릅니다. 꽤 먼 거리인데도 당신의 기척을 느끼면 있는 힘껏 도망갈 것입니다. 봐요, 이제 드디어 당신을 등지고 달려가고 있잖아요. 흥분한 기린에게는 미안한 말이지만, 아름다운 광경이군요. 세렝게티의 초원을 배경으로 기린이 긴 목을 꼿꼿이 유지하며 우아하게 겅중겅중 뛰는 광경은, 제가 장담하건데 세렝게

세렝게티의 기린

티의 최고 경관 중 하나입니다. 특히 저는 석양을 배경으로 기린이 뛰는 모습을 보는 걸 좋아한답니다.

조금 다른 이야기지만, 사람은 기린과 다릅니다. 문명화에 성공한 사람은 당신네 사자의 위협에서 벗어난 대신, 만성적인 미지의 압박을 받게 됐습니다. 그게 바로 상사의 잔소리, 선생님의 지도, 시험 준비입니다. 사람들은 사자를 못 만나는 대신, 이런 눈에 보이지 않는 억압 때문에 만성적인 스트레스 반응을 경험하며 괴로워합니다. 기린으로 비유하자면, 눈에 보이지 않는 사자가 매 순간을 관찰하고 있다는 느낌일까요. 최근에는 스트레스가 한층 진화해서, 강제적이고 억압적인 지시나 규율, 시험이 아니더라도 사람들이 스스로를 옥죄고 질타하면서 억압을 자초하고 있답니다. 스스로 복에 체인을 감고 감옥에 기어들어가는 형국이랄까요. 그것도 그래야 한다고 스스로 납득하면서요. 재독 철학자 한병철 씨가 《피로사회》라는 책에서 지적한 성과 중심 사회가 된 인간 세상의 풍경입니다. '우리는 할 수 있다'라는 신화가 팽배해지고, '나도 (더) 해야 한다'는 동의가 암묵적으로 사람들 사이에 퍼졌습니다. 그래서 보이지 않게 경쟁하면서 스스로를 다그칩니다. 인간을 옥죄던 '보이지 않는 사자'는, 한때는 타자에 의한 억압이었다가 이제는 자기 자신의 조바심에 의한 자멸적 소진으로 바뀌었습니다. 이런 소진 뒤에 남는 것은 뭘까요. 고작해야 경쟁에서 이긴 자의 피투성이 승리감과, 거기에서 이탈한 낙오자 내지 소외자의 비감뿐이 아닐까요.

그러고 보면, 기린은 사람보다 스트레스를 잘 관리하는 모범적인 동물일지도 모릅니다. 반면 인간은 그렇지 못하고 늘 스트레스 반응을 경험하며 삽니다. 소설가 박민규 씨의 단편 <그렇습니까, 기린입니다>라는 작품도 그런 의미로 읽을 수 있지 않을까요. 스트레스로 혼을 빼앗긴 사람들의 모습을 기린으로 그리고 있습니다. 기린은 고통스러운 가장의 업을 등에 지고 힘겹게 살아야 하는 비참한 아버지의 자화상이며, 아들도 끝까지 못 알아보고 멍하니 초점 잃은 눈으로 대중교통에 혼을 내맡긴 채 불쌍한 백치가 되기를 강요당하고 있는 수동적인 현대인의 모습입니다. 물론 이 작품 속에서 기린은 비유입니다. 제 삶의 주체가 될 수 없는, 한 번도 주체가 될 것을 꿈꾸지 못했고 앞으로도 기대하기 어려운, 근대(모던)에 살면서도 절대 '근대적'이 될 수 없는 사람의 비극을 담고 있지요. 위기를 슬기롭게 관리하는 세렝게티의 기린과는 다른 모습입니다만, 세렝게티의 기린도 인간 사회에 오면 비슷한 고민을 토로할 거라 생각합니다.

동물의 원래 운명을 품은 그곳으로

자, 이제 저는 슬슬 자리를 떠날 예정이에요. 당신도 당신이 모르는 미지의 친구에게 편지를 써야 한다죠? 제가 응원할게요. 지구에서 사라진지 오래인 네안데르탈인이라니, 그것도 멀리 지중해 건너 유럽 대륙에 살던 이에게 써야 한다니 힘들겠어요. 좌절하지 말고 꿋꿋이 쓰세요. 듣자 하니 네안데르탈인 가계도 요즘은 예전과 달리 바람 잘 날 없다고 하더라고요.

네? 근데 비밀 이야기를 아직 안 들려줬다고요? 잠자는 사자를 놀랠 정도의 비밀이 과연 무엇이냐고요? 무엇이기에 사자 앞에서 당당하게 잡아먹지 말라고 하냐고요? 에이, 왜 그래요 선수끼리. 그야 살아남으려고 그랬죠. 비밀마저 없다면, 만약 당신이 대오각성이라도 하고 제 목을 콱 물면 어떻게 할 거예요. 인도 철학에는 그런 비유가 있다면서요. 초식하던 호랑이가 고기 맛을 보고 자신의 본성을 비로소 깨닫는 비유요(아쉽게도 사자가 아니라 호랑이네요. 인도에는 사자가 없고 현존하는 5개(또는 6개) 호랑이 아종 중 하나인 벵골호랑이가 있거든요! 물론 멸종위기지요). 스승이 제자에게 철학적 가르침을 주는 비유예요. 인도철학 전문가인 하인리히 침머와 조지프 캠벨이 엮은 《인도의 철학》이라는 책에 나오는 일화예요(아래는 3쪽에 걸친 이야기를 내용 위주로 요약한 것입니다).[3]

이 호랑이는 양떼 틈에서 자라났대요. 원래 용맹한 어미 호랑이 배 속에 있었는데요, 몇날 며칠을 굶던 어미 호랑이가 양떼를 발견하고 공격했으나, 그 순간 산기를 느껴 아기 호랑이를 낳았대요. 하지만 어미는 죽고 새끼 호랑이만 남았는데, 양떼가 모성애를 발휘해서 키웠죠. 새끼 호랑이는 당연히 양떼의 틈에서 양의 울음을 배우고 풀을 먹고 살았어요. 물론 육식에 맞춰 진화한 날카로운 어금니와 짧은 장으로 풀을 소화시키기란 어려웠지요. 더구나 세계 최강의 육식성 유전자를 지닌 동물이 포유류잖아요(꿀벌이 호랑이에게 보낸 편지에 나와 있는 내용이에요). 처음엔 풀을 먹는 게 힘들었지만, 궁하면 다 통한다고 이 새끼 호랑이도 결국은 맛난 나물 맛에 눈을 뜨게 됐답니다(암요! 풀은 맛있어요).

재밌는 것은 다음이에요. 이 초식 새끼 호랑이가 어느 정도 컸을 때, 양떼 무리가 늙은 숫호랑이의 공격을 받았대요. 양들은 혼비백산해 흩어졌죠. 하지만 새끼 호랑이는 도망치지 않고 자리에 버티고 서서 적을 노려봤습니다. 새끼 호랑이도 그런 자신에 놀라고, 공격자인 숫호랑이도 두려움에 떨었지요. 긴장된 순간이었어요. (아! 구경 못한 게 아쉽네요.) 얼마나 시간이 흘렀을까. 긴장이 풀리자 새끼 호랑이는 다시 평소 모습으로 돌아왔습니다. 그러니까, 다시 매애~ 하는 양 울음소리를 내고, 태연히 풀을 뜯었던 거예요. 공격자 숫호랑이는 경악했습니다. 분명 자신과 같은 호랑이인데 이게 무슨 변괴인가 했겠죠. 숫호랑이는 새끼 호랑이에게 번개 같이 달려들어 한 대 때린 뒤 물가로 데려가 모습을 보여줬습니다. 양이 아닌 호랑이의 모습을 하고 있다는 것을 알려주려는 것이었죠. 이어 자신의 굴에 데려가 날고기를 먹였습니다. 버티고 버티던 새끼 호랑이도 숫호랑이의 기세에 눌려 고기를 삼켰죠. 그런데 이상한 변화가 일어났습니다. 생전 처음 먹어보는 고기가 좋아졌습니다. 만족감에 떨며, 새끼 호랑이는 태어나서 처음으로 온전한 포효 소리를 냈습니다. 그러자 숫호랑이가 만족스럽게 이야기했습니다. "이제야 네가 누군지 알겠느냐?" 그리고 둘은 함께 사냥을 나갔다고 합니다. 디 엔드. 해피 엔딩. (저에겐 슬픈 엔딩.)

이 글을 읽고 생각했습니다. 혹여 당신이 저 새끼 호랑이처럼 '철학'을 터득하고 '본성'을 깨닫는 순간이 조만간 오지 않을까 하고요. 백수의 왕을 농락하는 인간의 사냥법에 대한 회의감을 거두고, 용맹한 자신의 본래 모습으로 회귀하는 때가 멀지 않았다고요. 그 순간이 오면 어떤 일이 벌어질까요. 만약 그 순간에 제가 당신 곁에 있다면 제 인생은 그대로 끝장일 거예요. 몸집에 비해 거대한 당신의 강인한 턱이 힘없는 제 목을 단박에 꺾고 말겠죠. 그럼 이 책은 여기서 중단되고, 독자들은 책값을 물어달라고 항의할 테죠. 필자는 원성을 피해 쫓겨 다녀야 할지도 몰라요. 그러니까 당신이 각성

하더라도 저는 어떻게든 살아야 해요.

자, 저는 제 몸의 스트레스 반응 스위치를 켜고 줄행랑을 칩니다. 언젠가 우리가 이 드넓은 세렝게티에서 다시 만날 가능성도 없지는 않을 것입니다. 그물처럼 얽힌 생태계란, 그런 운명마저도 긍정하고 있습니다. 먹고 먹히는, 이 땅에서 수천만 년째 이어지고 있는 '동물의 왕국' 같은 풍경을, 저는 마다할 생각이 없습니다. 그게 우리 세렝게티의 동물이 받아들여야 할 어쩔 수 없는 운명이니까요. 제 어머니도, 제 어머니의 어머니도, 그 어머니의 어머니도 피할 수 없었습니다.

자, 이제 우리는 헤어질 것입니다. 한 번 만난 상대는 언젠가 다시 만날 수밖에 없다는, 영원한 회귀 같은 운명의 그물에 우리는 모두 같이 걸려 있습니다. 우리, 다음에 만날 땐 육식하는 사자와 사자를 피하는 아프리칸 버펄로의 원래 운명으로 만나요. 살려달라고 빌진 않을게요. 저는 힘껏 달아날 거예요.

버펄로 드림.

한국인 연구자도 상주하는 세렝게티 연구센터

탄자니아 야생동물연구소타위리 세렝게티 연구센터에는 재미있으면서도 오싹한 무용담(?)이 전해 온다. 똑똑한 아프리칸 버펄로가 사자와 16대 1로 싸워 무사히 목숨을 부지했다는 이야기다. 버펄로의 영리함을 알 수 있는 일화다. 어느 날 밤, 아프리칸 버펄로 한 마리가 사자 16마리 무리에게 쫓기고 있었다. 저녁부터 새벽 사이에 활동하는 사자 무리를 당해낼 동물은 당연히 없다. 하지만 버펄로는 침착하고 똑똑했다. 우연히 세렝게티 연구센터까지 쫓겨 왔는데, 마침 건물 곁에 주차된 차가 있었다. 버펄로는 차와 건물 벽 사이에 숨었다. 흥분한 사자 무리가 달려들었지만, 숨어 있는 버펄로를 직접 공격할 수는 없었다. 결국 차가 대파되고 벽이 손상됐지만, 버펄로는 무사할 수 있었고,

세렝게티 연구센터

결국 동이 터 사자들이 돌아가 살아날 수 있었다.

'야생의 배꼽'에 있다 보니 세렝게티 연구센터에는 이렇게 야생동물과 관련한 일화가 많다. 한번은 한국인 연구자들이 현지 연구자들과 함께 앞마당에서 야영을 할 때였다. 밤에 이상한 소리가 들려 깨어 보니 텐트 주위를 하이에나 무리가 에워싸고 있었다. 야행성인데다 무리를 지어 다니는 하이에나는, 밤에는 사자 무리와 맞서 싸우기도 할 만큼 위협적인 존재다. 연구자들은 긴장했다. 하이에나들이 내는 컹컹거리는 흥분한 소리가 괴괴한 센터 앞마당을 가득 채웠다. 하이에나들은 그 상태로 텐트 주위를 계속 빙글빙글 맴돌았다. 시간을 보고 싶었지만, 텐트 안에서 빛이 새어나가면 하이에나들이 흥분할까봐 그럴 수도 없

세렝게티 연구센터 전경

었다. 다행히 한참을 서성이던 무리가 멀리 떠나서 연구팀은 안심할 수 있었다.

세렝게티 연구센터에서는 꼭 동물만 연구하지는 않는다. 연구동 안에는 종이 봉투에 가지런히 담긴 식물 표본이 가득하다. 세렝게티 북쪽에서 딴 초본 식물들이었다. 초식동물은 영양이 풍부한 종류의 식물을 좋아해 그런 식물이 많은 곳을 중심으로 이동한다. 예를 들어, 연구센터가 있는 세로네라 지역은 외부와 달리 화산질 토양으로, 풀이 키가 크고 무성하지만 영양가가 별로 없다. 실제로 오래 돌아다녀도 다른 곳에 비해 동물을 별로 볼 수 없다. 누와 얼룩말 등이 하필 세로네라 지역이 아니라 그 주위인 세렝게티 외곽을 빙 돌아 이동하는 이유도 식물의 종류에 있다.

타위리와 세렝게티 연구센터에서 한국 연구자도 많이 활약하고 있다. 다만 서양 연구자들이 이미 하고 있는 생태 분야 연구는 아니고, 사자나 버펄로, 기린 등 야생동물에서 진드기같은 외부기생 생물과 기생충이나 미생물을 채취해 분석하고 보존하는 연구를 하고 있다. 이렇게 시료를 채취하면, 마치 은행처럼 보관하다가 필요한 연구자에게 제공할 수 있다. 이런 역할을 하는 곳을 '연구소재은행'이라고 부르는데, 한국에는 재단법인 연구소재중앙센터가 총괄, 관리하는 '은행'이 36개 있다. 그 중 기생충과 외부기생곤충, 항생제내성균을 다루는 세 곳이 2010년부터 타위리와 공동연구를 하고 있다. 교육과학기술부와 한국연구재단의 '개도국과학기술지원사업' 지원을 받은 공적개발원조ODA 사업의 일환이다. 원래 2008년, 엄기선 충북대 의대 교수(기생생물자원은행장)가 개인적인 관심으로 타위리와 연구 인연을 맺은 게 시작으로, 이후 연구소재중앙센터와 용태순 연세대 의대 교수(의용절지동물은행장), 신은주 서울여대 항생제내성균주은행장이 꾸준히 협력 연구와 교류를 하고 있다. 2013년 1월에는 탄자니아 최초의 연구소재은행이 탄생했다.

이들이 연구하는 방식은 앞서 다른 연구자들이 하는

방식이나 절차와 비슷하다. 먼저 시료 채취에 필요한 생물을 타위리와 논의한다. 그 뒤 사냥(앞서 본문에서 사자가 이런 식으로 희생되곤 한다고 설명했다)이나 찻길동물사고로 죽은 야생동물 개체를 확보해 시료를 채취한다. 살아 있는 동물도 대상으로, 면봉으로 귀 뒤를 살짝 긁어 미생물을 채취한다. 그밖에 등에 붙어 있는 진드기나 참진드기 같은 기생 곤충을 떼어 가곤 놓아주는 식으로 직접 기생 생물을 얻기도 한다. 이렇게 해서 얻은 시료는 보존처리를 해 한국으로 가져와 분석한다. 한국에서 분리, 분석한 시료와 자료는 둘로 똑같이 나눠서 한국과 타위리에 각각 보관한다. 시료는 야생동물의 기생충과 질병을 연구하는 데 쓰인다.

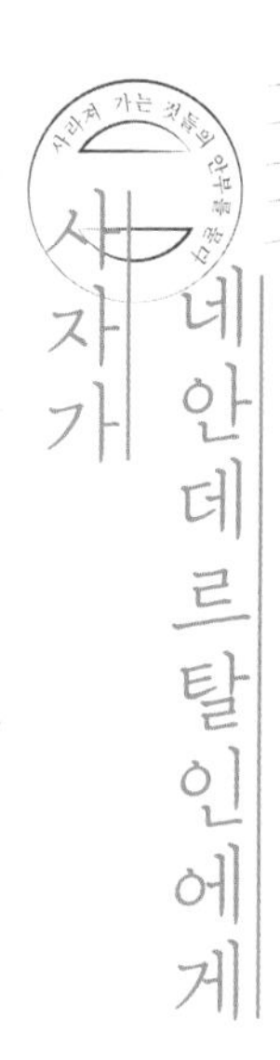

사자가 네안데르탈인에게

젊은 호모 네안데르탈렌시스, 혹은 호모 사피엔스 네안데르탈렌시스에게.

안타까움의 편지를 씁니다. 당신의 이름은 호모 네안데르탈렌시스. 흔히 네안데르탈인이라고 불리는 친척 인류지요. 지금부터 2만 4000년 전, 스페인 서쪽 끝 해안 지역에 마지막 자취를 남긴 뒤 지구상에서 영원히 사라졌습니다. 이제는 오직 화석으로만 만날 수 있는 당신은, 지구의 역사를 수놓은 무수한 멸종 동물 목록의 가장 말단에 이름을 제공한 또 하나의 안타까운 사례일 것입니다.

인류는, 가장 가까운 친척 인류 중 하나인 당신에게 관심이 많다고 들었어요. 하지만 숱한 연구에도 불구하고, 당

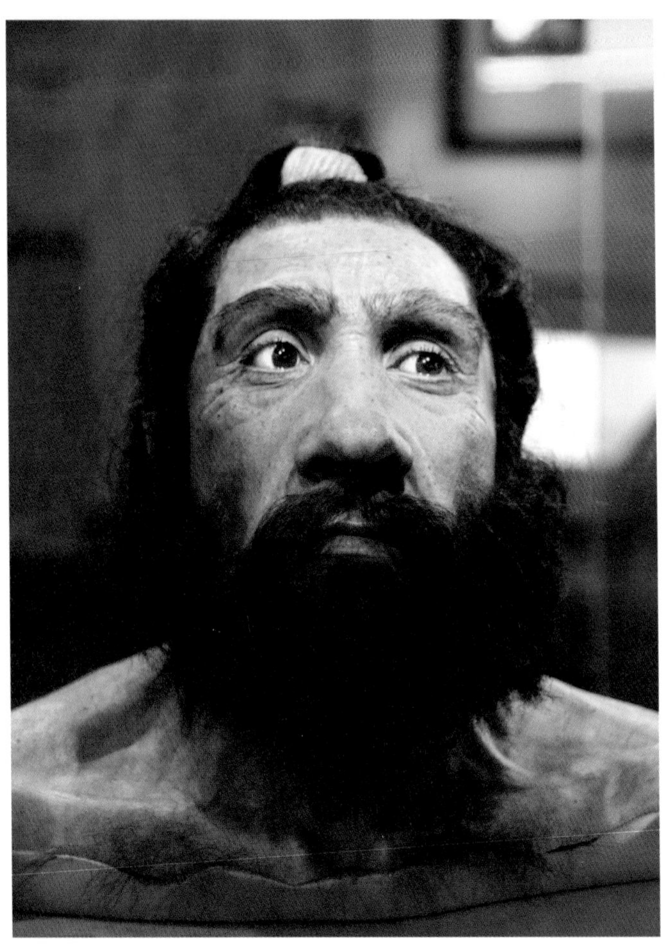

네안데르탈인 복원도

신들이 언어를 구사할 수 있었는지, 이름을 가졌는지 여부는 아직 확실히 모릅니다. 저도 당신이 제 편지를 이해할 수 있을지 아직 의구심이 완전히 가시지 않았어요. 하지만 지구에서 가장 뛰어난 상징 해석 능력과 지능을 지녔다고 자랑하는 인류에 비해 결코 크게 뒤지지 않는 두뇌 능력을 지녔을 거라고 생각하기에 용기를 내 편지를 보냅니다. 사실, 저 사자에 비해 월등히 뛰어난 지력을 지녔다는 사실 하나는 부정할 수가 없겠지요. 제가 괜한 걱정을 하는 거겠죠?

당신에 대한 소개를 계속하겠습니다. 나이는 8살. 아직 꿈 많은 소년이지요. 당신이 항변하는 몸짓이 보이네요. 네 맞아요. 당신들의 평균 수명은 35년으로 오늘날의 인간(호모 사피엔스)보다 짧기 때문에, 8살 정도의 나이면 결코 어린애는 아니지요. 더구나 치아 화석으로 성장 패턴을 연구한 결과를 보면 당신들은 호모 사피엔스에 비해, 특히 어릴 적 성장 속도가 더 빨랐다고 해요. 똑같은 어린애 취급은 금물이겠네요.

외모 이야기를 시작해 볼까요. 사람들은 외모를 중요하게 생각하는 것 같으니까요. 길거리에서 당신을 처음 만나는 사람이 있다면, 어디 당신과 말이나 제대로 해보고 혹은 엑스선 촬영을 하거나 두개골 형태 분석 같은 연구를 요모조모

해보고 '아, 그러니까 당신은 네안데르탈인이군요'하고 생각하겠어요? 아마 십중팔구 외모만 보고 구분할 거예요. 만약 당신의 외모가, 보통 사람(호모 사피엔스)과 큰 차이가 나지 않는다면, 그냥 좀 우락부락한 사람이구나 하고 그냥 지나치고 말겠지요. 반대로 차이가 크게 난다면 그 땐 대번에 네안데르탈인이라고 부르겠지요.

흔히 사람들은 후자라고 생각했어요. 과거에도 그랬고 지금도 그렇지요. 사람들은 당신이 '원시인'이라 온몸이 털로 뒤덮여 있을 거라고 생각해요. 하지만 그건 오해예요. 당신은 호모 사피엔스와 거의 비슷하게 몸에 털이 없었거든요. 고인류학자들은 이미 160만 년 전, 그러니까 둘의 공통 조상일 호모 하빌리스나 호모 가우텐겐시스 시절부터 몸에 털이 거의 없어졌다고 보고 있습니다. 《피부》라는 책을 쓴 미국 펜실베이니아대 인류학과 니나 자블론스키 석좌교수에 따르면, 정확히는 털이 정말로 사라진 것은 아니라 대부분이 솜털처럼 작고 가늘어져 눈에 띄지 않게 된 것뿐이지만요. 여담이지만, 당신의 인류 가족들에게는 털이 없다니 참 희한하다는 생각이 듭니다. 아직 답장을 보내지 않았다고 하는 공룡만 해도, 백악기로 가면 많은 경우 원시적인 깃털을 갖게 되거든요. 깃털공룡은 공룡 연구의 최근 핫이슈예요. 랩터라고 불리는 소형 수각류 공룡은 물론, 나중에 유일하게 살아남은 공룡 가족인 새조류도 모두 깃털을 갖고 있죠. 공룡에게 편지를 쓴 새들 역시 그 사실을 경이로워했고요. 그런데 사람은 오히려 모두 털을 벗어버렸다니요! 그리고 털가죽 대신 다시 옷을 해입는다니 참 이상한 동물이라는 생각이 듭니다.[1]

털 말고 사람들이 자주 착각하는 게 당신이 원시인이라 시커멓고 거친 피부를 지녔다는 거예요. 이거야말로 '백인' 위주였던 초기 인류학자가 생각한 편견 가득한 생각이었습니다. 사실 진짜 시커먼 피부는 뜨거운 태양이 지배하던 동아프리카에서 처음 진화한 호모 사피엔스의 특징이었거든요. 햇빛 뜨거운 아프리카에서 피부에 해로운 자외선을 피하려면 어떻게 해야 했겠어요? 피부에 멜라닌을 가득 만들어야지요. 몸에 있는 '멜라노코르틴리셉터MC1R' 유전자가 그 역할을 하지요. 호모 사피엔스 중 일부가 피부가 희게 된 것은 훨씬 나중에, 이들이 아프리카를 벗어나 중위도나 고위도 각지에 퍼지면서 일어난 적응 중 하나였습니다. 검은 피부는 자외선을 막는데, 중위도와 고위도 지역 일부는 자외선이 강하지 않기 때문에 이를 막을 경우 오히려 자외선 부족에 시달릴 가능성이 있었거든요. 잘 알려져 있듯, 우리 몸에서는 비타민 D가 그냥 합성되지 않고 자외선을 피부에 쬐어 줘야만 만들어지거든요. 비타민 D 부족은 뼈를 무르게 하고, 여성의 경우 골반을 약하게 해 임신과 출산을 위험하게 만듭니다. 그냥 팔다리 뼈가 약해지는 것도 위험하겠지만, 임신과 출산은 종의 미래를 위협하는 중대한 문제가 되죠. 이를 막기 위해 탄생한 흰 피부는, 생존과 종 유지를 위해 필수적인 적응이었습니다.[2]

검은 피부에서 시작해 다양한 피부색으로 적응한 호모 사피엔스와 달리, 당신네 네안데르탈인은 처음부터 중-고위도에 해당하는 유럽에서 진화한 종입니다. 피부를 검게 만드는 MC1R 유전자에 돌연변이가 있었지요. 덕분에 적어도 당신들 중 상당수는 피부가 하얬습니다. 더구나 이 유전자의 돌연변이는 머리카락까지도 빨갛거나 금발로 만듭니다. 당신은 흰 피부에 금발을 지닌 모습이었을 가능성이 높습니다. 많은 사람들이 부러워하고 갖고 싶어하는 희고 화사한 미남미녀의 모습 아니던가요. 사람들이 '원시인'이라고 생각하며 멸시하던 당신들 네안데르탈인의 모습이 말이에요.

당신들이 사람들에게 멸시당한 역사는 길고 길어요. 20세기 초에 프랑스에서 발굴된 당신의 화석이 구부정하고 일그러진 모습이었다는 이유로, 당시 사람들은 당신이 원래

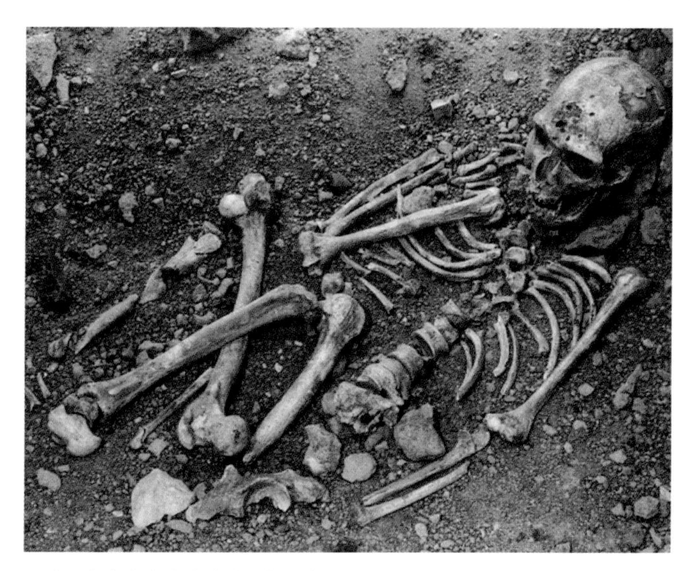

프랑스에서 발견된 네안데르탈인 화석

구부정했다고 생각했지요. 실제로 당시 언론에 묘사된 그림을 보면 입은 튀어나오고 이마는 뒤로 누웠으며 털이 무성하고 자세는 심하게 구부러진, 참으로 동물 같은 모습이었습니다. 이상희 UC리버사이드 인류학과 교수는 이런 모습이 당시 유럽인들이 식민지의 원주민을 바라보던 시선이 투영돼 있었다고 분석합니다. 그러니까 마치 수학 비례식처럼, 현생인류(유럽인의 조상인 크로마뇽인)와 네안데르탈인의 관계는 유럽인과 식민지 원주민의 관계와 같다는 거죠. '현생인류 : 네안데르탈인 = 유럽인 : 식민지 원주민' 이런 식으로요.[3] 하지만 이런 인식은, 앞서 설명한 흰 얼굴과 털이 없는 봄 등 많은 특징이 연구되면서 지금은 많이 사라졌어요.

몸에 털도 없고 얼굴도 희니, 그럼 현생인류와 당신들은 외모에 큰 차이가 없을까요. 그건 아니예요. 재레드 다이아몬드는 저서 《제3의 침팬지》에서 "만약 당신이 인간이 입는 옷을 입고 거리를 걸으면 모두가 깜짝 놀라 눈을 비비고 다시 쳐다볼 것"이라고 말했습니다. 뭔가 달라도 단단히 다를테니까요. 먼저 얼굴을 볼까요. 코가 크고 광대뼈도 두툼하게 아래까지 내려와 있어요. 그리고 턱이 없어요. 입술도 다르죠. 입술 아래에 움푹 들어간 부분이 없이 입술 아래가 둥글게 이어져 있어요. 눈두덩이 위는 약간 두드러져 보이는데, 그렇다고 눈에 띄게 굵지는 않아요. 가느다란 반달 모양을 하고 있어서 눈이 깊어 보이죠. 마지막으로 머리를 봐 주세요. 이마가 높고 곧은 호모 사피엔스와 달리 낮고 뒤로 젖혀져 있어요. 그리고 뒤통수가 크죠. 실제로 뇌용량도 무척 컸어요. 1350cm^3 정도인 호모 사피엔스보다 커서 남자는 무려 1600cm^{3}에 이르렀답니다. 하지만 뇌가 크다고 다 머리가 좋은 건 아니에요. 동물의 뇌가 몸집에서 예측되는 수준보다 얼마나 더 큰지를 나타내는 수치를 '대뇌비율지수EQ'라고 해요. 네안데르탈인의 EQ는 4.8로 5.3인 호모 사피엔스보다 작답니다.

당신들의 EQ가 호모 사피엔스보다 작은 것은 몸집이 크기 때문이에요. 팔다리는 짧지만 굵고 몸통은 드럼통처럼 크고 튼튼했거든요. 호모 사피엔스 중 추운 북쪽 지방에 사는 이누이트를 떠올려 보면 조금 비슷해요. 둘 다 추운 곳에서 살기 위해 적응한 결과거든요. 같은 종의 동물들을 비교해 보면 추운 지방에 사는 동물이 체구가 더 커요. 이를 베르그만의 법칙이라고 하는데, 당신과 호모 사피엔스 사이의 체구 차이에도 이런 법칙이 작용할지도 몰라요. 체구의 차이를 보다 상세히 밝힌 연구에 따르면, 유전자 자체의 차이 때문은 아니라고 합니다. 2014년에는 두 인류의 덩치 차이가 유전자의 작동을 켜고 끄는 유전자 조절 메커니즘의 차이 때문에 나타난다는 연구 결과가 나왔어요. 흔히 '후성유전'이라고 부르는 메커니즘인데, 유전자의 일부를 화학적으로 변화시키는(대표적인 예가 유전자에 메틸이라는 화학 작용기를 붙이거나 떼는 '메틸화'라는 반응입니다) 방법으로 그 유전자의 작동을 조절하지요. 어쩌면 네안데르탈인과 호모 사피엔스 사이에는 근본적 차이가 생각보다 적고, 공통점은 생각보다 많을지도 몰라요.[4]

조금씩 밝혀지는 네안데르탈인의 생활

> 4만 년 전 빙하시대. 네 개의 작은 점이 어두운 잿빛 풍경 속에서 강기슭을 따라 움직이고 있다. (…) 털옷을 걸친 한 무리의 크로마뇽인 가족이 천천히 움직인다. 손에 창을 든 사냥꾼 남편과 말린 고기가 들어 있는 가죽 가방을 맨 아내, 그리고 그들의 아들과 딸 이렇게 네 식구다. (…) 순간 소년이 소리를 지르며 한 곳을 가리키고는 겁에 질려 엄마 곁으로 달려간다. 아이들은 눈물을 쏟으며 엄마에게 매달린다. 짙은 속눈썹에 우락부락하고 털이 무성한 얼굴이 강기슭 맞은편에 있는 덤불숲에서 이들을 조용히 주시하고 있다. 무표정한 그러나 경계하는 눈빛의 네안데르탈인이 추위에 얼어붙은 듯 미동도 없이 서 있다. 아이들의 아버지는 강 건너편을 바라보고 창을 흔든 뒤 어깨를 으쓱해 보인다. 네안데르탈인은 나타났을 때처럼 소리없이 사라진다.
>
> – 브라이언 페이건, 《크로마뇽》, 서문 중에서[5]

호모 사피엔스는 당신들의 지능에도 관심이 많아요. 당신이 '사람이 되다 만' 원시인이라고 생각해서겠지요. 그리고 아라비아 반도나 중동 등에서 수만 년 동안, 당신과 인류는 함께 생활해 왔습니다. 마주쳤을 때 어떤 일이 벌어졌을지 당연히 궁금하겠지요. 미국 UC산타바바라의 고고학자인 브라이언 페이건은 저서 《크로마뇽》의 첫 대목을 위의 묘사로 시작했어요. 친척 인류와의 만남 장면을 궁금해 하는 사람들의 심리를 읽은 게 아닐까요. 그런데 만난 장면이 좀 심심하군요. 둘이 전투라도 벌인다면 흥미진진할 텐데…. 아, 제가 지금 싸움을 부추기는 건 아닙니다. 저는 평화를 사랑하거든요. 채식하는 사자라니까요. 게다가 당신은, 이미 이 세상에 없는 걸요.

당신은 상당한 지능을 지녔습니다. 추상적인 것도 이해할 능력이 있지요. 대표적인 게 대칭입니다. 물리학자들이 우주를 구성하는 가장 아름다운 원리 중 하나로 꼽는 바로 그 성질이요. 당신이 대칭을 이해한다는 사실을 어떻게 아냐고요? 바로 도구예요. 당신이 만든 것으로 여겨지는 구석기를 보면, 앞에서 봐도 옆에서 봐도, 심지어 위에서 봐도 아름다운 대칭을 이루고 있습니다. 좌우를 바꾸거나 회전시키는 변화를 가했을 때에도 그 대상이 고유의 성질을 유지할 수 있게 한다는 것. 대칭을 이해한다는 증거죠.

물론, 이게 네안데르탈인만의 특징은 아닙니다. 주먹도끼는 이미 약 140만 년전 호모 가우텐겐시스나 호모 하빌리스 시절의 유적에서도 발견되고, 50만 년 전 호모 하이델베르겐시스 유적에서도 아주 예쁜 눈물방울 모양의 대칭형 주먹도끼가 나오니까요. 프랑스의 고고학자 미셸 로르블랑셰는 《예술의 기원》이라는 책에서 약 200만 년 전에 만들어진 구에 가까운 다면석기에서도 인류가 대칭의 개념을 이해한 흔적을 찾습니다. 그에 따르면, 당시 인류는 구球라는 기하학적 형태의 개념을 갖고 있었고, 돌이라는 딱딱한 재료를 일부러 깨고 다듬으면서 그 형태 개념을 현실에서 구현해 냈습니다. 특히 구는 정의상, '공간의 어느 한 점에서 같은 반지름을 지니는 점을 모두 모은' 입체도형입니다. 로르블랑셰에 따르면 이 과정이 바로 대칭과 관련이 있다고 합니다. 그는 또다른 고고학자 피에르장 텍시에의 말을 인용해, "다면체에서부터 구형을 얻어내는 일은 균형의 중심을 실질적인 대칭의 중심에 가깝게 다듬어가는 작업을 통해 이뤄졌다"고 말합니다. 역시 핵심은 대칭 개념이라는 것입니다.[6]

> 머릿속에 떠올린 구의 형태를 따라 다면체를 다듬다 보면 무게중심이 점차 이동하게 되며, 이로써 그 무게중심은 완벽하게 둥근 형태가 된 돌멩이의 기하학적 중심에 자리하게 된다. 중심을 기준으로 어떤 식으로든 대칭을 이루는 물체가 만들어지는 것이다. 그러므로 다각면원구(다면석기의 일종)는 인간이 그 역사에서 처음으로 '대칭'이라는 개념을 실현한 작품이다.
>
> – ≪예술의 기원≫, 95쪽

당신들이 주먹도끼와는 다른 당신들만의 고유의 석기를 만들어 쓰게 된 것은 약 25만 년 전부터입니다. 후세의 호모 사피엔스는 당신들이 발전시킨 석기 기술을 '르발루아 기술'이라고 불렀지요. 이전과는 비교가 안 되는 복잡한 석기 문화였지요. 제작 과정을 제가 설명해 볼까요. 당신은 거북이 등처럼 생긴 넓적한 돌을 하나 구합니다. 그런 다음 끝이 날카로운 돌멩이로 가장자리를 톡톡 쳐 손톱처럼 생긴 얇은 돌들을 떼어냅니다. 떼어낸 돌 조각을 '격지'라고 부르는데, 날카롭기 때문에 나름 유용한 도구로 이용할 수 있지요. 하지만 격지가 최종 목표는 아닙니다. 당신은 옆면과 윗면에서 격지를 다 떼어낸 뒤, 남아 있는 부분에서 가운데 부분만 조심스럽게 떼어냅니다. 그러면 크고 날카로운 돌촉이 만들어지지요. 고기 심줄을 이용해 이 돌촉을 나무 막대기 끝에 둘둘 감아 붙이면 훌륭한 창이 됩니다. 당신은 이 도구를 사냥에 이용합니다.

주먹도끼

사냥 이야기가 나왔으니 조금 더 해볼까요. 사람들은 네안데르탈인이 사냥의 명수였다고 생각하는 것 같습니다. 맨손으로 거대한 매머드라도 때려잡았다고 생각하는 걸까요.

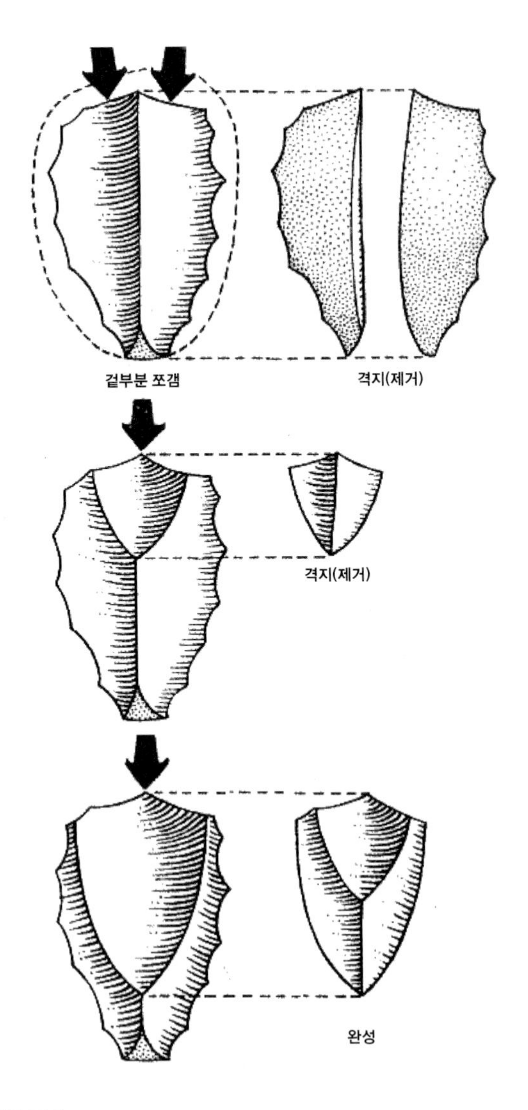

르발루아 기술

하지만 실상은 그렇지 않습니다. 물론 당신도 사냥을 할 땐 아주 용감하고 적극적이었습니다. 하지만 사냥만 하고 살지도 않았을 뿐더러, 다른 방법으로 먹을 것을 구할 수 있을 때는 구태여 어려운 사냥을 찾아 하지는 않았답니다. 다이아몬드의 《제3의 침팬지》에는 호모 사피엔스 중 뉴질랜드 원주민의 사냥 모습이 묘사돼 있습니다. 무장한 전사들이 밀림에서 호전적인 소리를 지르며 달려가 사냥한 것은 한 주먹거리밖에 안 돼 보이는 작은 새나 초식 들짐승이었다고 하죠. 당신도 마찬가지였습니다. 일부러 먼 곳에서 큰 동물을 잡기보다는, 가까운 곳에서 볼 수 있는 순한 동물을 사냥했습니다. 그날그날 먹을 만큼만 잡으면 되니까, 아마 그걸로도 충분했을 것입니다. 당신이 창고에 사냥감을 쌓아두고 다른 사람에게 팔아가며 부를 축적하거나, 그 부를 바탕으로 거대한 집단[부족]을 이루고, 이어 다른 네안데르탈인 집단을 위협하거나 굴복시켰다는 등의 이야기를, 저는 결단코 들어본 적이 없습니다. 고고학 유물로도 나온 적이 없지요. 그건 현생인류나 하는 아주 특이하고 고약한 짓이지요. 포악하기로 소문난 우리 사자도 그런 일은 하지 않습니다. 그날그날의 목숨을 건 전투와, 그 대가로 얻는 푸짐한 고기(혹은 헛수고한 날의 공복)가 전부인, 겸허하고 정직하며 청렴한 생활이 동물 세계에서는 정석이었습니다. 당신 역시 이런 전통에서 크게 벗어나지 않았고요. 이런 아름다운 전통을 깬 것이 인류였습니다. 저인망을 이용한 바다 동물의 싹쓸이, 기계를 이용한 대량 도축, 창고에 쌓거나 돈을 받고 팔기 위해 필요 이상으로 하는 사냥, 사냥감에게 도망갈 여지를 주지 않는 집단 몰이식 사냥 등은 그야말로 비겁하고 잔인한 동물 학살입니다.

물론 인류도 이에 대한 반성을 하고, 막으려고 노력했습니다. 그런 극악한 탐욕을 경계하기 위한 최소한의 윤리가 있었지요. 동양 철학의 시조始祖로 불리는 《주역》에는 '왕용삼구王用三驅'라는 말이 보입니다(비 괘 오효 효사). "왕이 세 방향으로 (사냥감을) 몬다"는 뜻입니다. 세 방향에서 포위를 해 사냥을 하고, 대신 적어도 한 방향은 터 둬서 사냥감이 도망칠 구석을 줘야 한다는 말입니다. 모든 방향에서 몰아 꼼짝없이 만든 뒤 사냥감을 잡는 것을 군자가 할 일이 아니라고 봤어요. 약한 짐승, 사냥감이 될 수밖에 없는 약자에게 도망칠 아량을 허락하는 것, 바둑이었다면 몇 수 접고서야 대전을 시작하는 것과 같습니다. '독안에 든 쥐'를 만든 뒤에 활이든 창이든 써서 사냥을 한다면, 그게 무슨 공정한 싸움이고 정당한 사냥이겠습니까. 무조건 죽이고 말겠다는 그악스러움 외에 어떤 가치가 있겠습니까. 그런 사냥이나 싸움을 하는 사람에게 힘이면 전부고 약한 대상은 예외 없이 죽여도 된다는 비정함 외에 무엇을 더 기대할 수 있겠습니까. '어차피 결국 사냥할 거면서, 겨우 한 방향 터놓고는 생색을 내는 거냐, 위선이다'라고 생각할지도 모르겠습니다. 하지만 그래도 압도적인 도구와 사냥 능력을 지닌 사람이 자신의 능력에 스스로 제한을 걸 생각을 하고, 그걸 서로 권장했다는 사실은 대단히 중요합니다. 놀라운 자기 반성과 절제의 철학이 담겨 있습니다(물론 그걸 현실에서 지킨 사람이 몇 명이나 됐는지는 모르겠습니다만).

실제로 《주역》의 해당 구절 바로 뒤에 이어지는 말을 보면, "앞에 있는 새(사냥감)를 잃어도 고을 사람들이 경계하지 않는다. 길하다"라고 돼 있습니다. 각박하고 잔인하지 않은 '허술한' 사냥을 하는 사람이 있는 사회라야 그에 속한 다른 사람들 역시 타인의 어리숙한 성과를 비난하지 않을 것이라는 뜻이 아닐까요. 비정하게 추구해야만 따낼 수 있는 승리에 연연하지 않으며, 싹쓸이식 사냥에 동조하지 않는 인간적인 면을 간직할 수 있다는 증언일 것입니다.

물론 이런 말이 수천 년 전의 경전에 나왔다는 것은, 반대로 사람들이 당시에 이미 그악스럽고 비정한 싹쓸이 전통을 보여 왔다는 뜻이기도 할 것입니다. 그 틈바구니에서 사냥에 희생된 동물이 한둘이 아니었겠죠. 오늘날의 코끼리의 친척으로, 고위도의 추운 지역에 약 1만 년 전까지 살았던 매머드는 농업 문명 이전의 시대임에도 인간의 사냥으로 멸종했습니다. 거대한 덩치를 자랑하던 모리셔스 섬의 도도새는 그 마지막이 역사에 선명하게 기록돼 있지요. 20세기에 들어서도 인간에 의한 동물 멸종은 이어졌습니다. 미국 나그네비둘기 역시 20세기에 완전히 사라지고 말았지요. 오로지 재미와 한순간 입의 즐거움을 위해 이 많은 새가 떼죽음을 당해야 했을까요. 그것도 압도적인 화력을 자랑하는 엽총에 의해서? 여기 어디에 '왕용삼구'의 인간적인 아량이 있는지 의심스럽습니다.

혹자는 당신네 네안데르탈인 역시, 인류의 이런 광기 어린 살육 행진에 희생된 게 아닌가 의심하고 있습니다. 실제로 사냥을 하던 두 종이 부딪히면 어떤 충돌이 일어날지 가늠하기 어렵기 때문에, 이 문제는 사람들의 상상력을 자극해 왔습니다. 하지만 이 편지 첫머리에 인용한 브라이언 페이건의 글에 묘사된 것처럼, 직접적으로 부딪혔더라도 서로 탐색을 할 뿐 격렬한 충돌로 이어지지 않았을 가능성도 큽니다. 인류가 당신들을 직접 몰살시켰다는 증거는, 적어도 지금까지의 고고학적 흔적으로는 전혀 없습니다.

이야기가 길었네요. 다시 사냥 이야기로 돌아와 볼까요. 고고학자들이 당신이 사는 동굴 유적을 조사해 보니, 식량이 된 동물들의 뼈가 쌓여 있었습니다. 종류를 보니, 순록과 사슴, 말, 그리고 소가 대부분이었지요. 크긴 하지만 모두 순하디 순한 동물들이죠. 그나마 사냥으로 잡은 동물은 사슴과 순록이었어요. 소와 말은 머리뼈와 턱뼈만 볼 수 있는데, 다른 육식 동물이 먹고 남긴 것을 가져왔기 때문이에요. 이 말은 당신이 사냥도 했지만, 하이에나처럼 죽은 동물의 시체도 먹었다는 뜻입니다. 당연한 일입니다. 손쉽게 먹을 수 있는 시체가 있는데 가져오지 않을 이유가 없지요. 아무리 순한 초식동물이라도, 사냥이란 기본적으로 대단히 힘들고 위험한 일이기 때문입니다. 실제로 고인류학자들은 당신이 전체 섭취 단백질의 70~80%를 사냥이 아닌 죽은 동물의 사체를 구해서 얻었다고 보고 있습니다.

당신의 사냥은 얼마나 힘들고 위험한 일이었는지요. 당신은 호모 사피엔스처럼 던지거나 쏘는 무기가 없었습니다. 가장 발달한 무기는 바로 르발루아 기술로 만든 돌촉을 단 창이었어요. 창이라지만 길이가 별로 길지 않아서 당신은 덩치가 커다란 짐승들과 거의 육탄전을 벌여야 했답니다. 실제로 학자들이 화석으로 나온 네안데르탈인의 뼈를 연구해 보니, 몸이 투우나 로데오(카우보이 말타기 경기)를 한 것처럼 큰 충격을 받은 상태였다고 합니다. 그러니 사냥이란 보통 일이 아니었고, 한번 하려면 굉장한 신체적 위험을 감수해야 했지요. 그런 이유 때문이었을까요.

다행히 당신은 집단생활을 하고, 사냥도 함께했기 때문에 동물과 1대 1로 싸울 필요는 없었어요. 동물은 지나가다 우연히 만나는 것을 주로 사냥했지요. 하지만 가끔은 대규모 인원이 계획을 세워서 사냥을 하기도 했습니다. 여럿이서 소 떼를 우르르 몰아서 절벽에서 떨어뜨려 죽이는 식으로 '작전'이라는 것을 세워서 사냥하기도 했죠. 당신이 호모 사피엔스보다 지능이 낮다고 하지만, 이 정도 능력은 있었음을 저는 알 수 있습니다…. 그런데 잠깐, 그러고 보니 당신도 몰이식 사냥을 전혀 하지 않은 건 아니네요. 동물을 꼼짝할 수 없는 사지(死地)로 몰아넣어 사냥한 경험이 있어요. 비록 호모 사피엔스만큼은 아니지만 당신도 간교한 계략과 위력을 발휘하는, 어쩔 수 없는 인류의 친척이에요…. 인류와 그 친척들은 다 비정한 면이 어느 정도 있다는 사실을, 하마터면 잊을 뻔했습니다. 물론 당신의 사냥은 재산 축적을 위한 것은 아니었으니 인류의 살육과는 질적으로 다르다는 사실을 알고 있습니다만, 찜찜한 마음이 남는 건 어쩔 수 없네요.

빙하기 피해 동굴 속 집단생활

이렇게 발달된 도구를 쓰고 사냥을 했지만, 당신의 지적 능력이 호모 사피엔스보다 한 수 아래였음은 분명합니다. 당신은 뭔가 분하다는 표정을 짓네요. 하지만 어쩔 수 없는 사실입니다. 당신의 문화는 수십만 년 동안 정체됐고 그 동안 기술적인 발전이라고 할 만한 것이 전혀 없었어요. 호모 사피엔스가 20만 년이 채 안 되는 기간에 구석기를 만들다가 우주까지 날아간 것과 비교하면 정말 변화가 느리지요. 당신의 기술은 호모 사피엔스가 가지고 들어온 새로운 구석기 문화를 일부 배우면서 조금 변했지만, 그건 거의 마지막 순간에야 일어난 일이지요.

이렇게 문화나 기술이 정체된 것을 언어가 없었기 때문이라고 보는 학자들이 많아요. 언어는 지적 교류를 가능하게 하는 수단이에요. 그런데 언어가 없으면 교류는 확실히 줄어들고 문화나 기술의 획기적인 발전도 줄어들 수밖에 없어요. 그럼 당신은 말을 아예 하지 못했던 걸까요? 그건 아니에요. 하지만 비교적 최근까지만 해도 고인류학자들은 당신의 말이 호모 사피엔스보다는 조금 못했다고 생각했지요. 아, 에,

이, 오, 우처럼 대략 5개 정도의 모음을 발음할 수 있었다고 봤어요. 하지만 그보다 더 말을 잘 했을 가능성도 제기된 상태지요. 화석을 살펴봐도 후두의 위치를 알 수 있는데, 호모 사피엔스와 비슷하게 후두의 위치가 낮았다고 해요. 후두가 낮으면 기도와 식도가 교차해 질식사의 위험이 있는 대신 발음이 다양해져요. 네안데르탈인의 게놈을 분석한 결과, 사람에게 언어를 선물했다고 해서 '언어유전자'라고 불리는 폭스피투FOXP2 유전자를 당신도 가지고 있음이 밝혀지기도 했지요.[7] 3차원 X선 영상으로 확인한 결과 턱 안쪽에 있는 '설골'이라는 뼈의 구조가 사람과 같다는 영국 뉴잉글랜드대의 연구가 2013년 나오기도 했고, 두개골 내부에 신경이 지나간 흔적을 분석한 결과 발음을 제어할 수 있었다는 연구가 나오기도 했습니다.[8] 무엇보다, 아프거나 몸이 약한 사람을 돕고 서로 협력하는 등의 생활은 꽤나 정교한 언어가 있지 않고서는 유지되기 힘듭니다.

여러 증거를 종합해 볼 때, 당신은 그저 짐승 같은 괴성을 지르는 수준보다는 훨씬 정교한 발음을 했어요. 하지만 발음을 몇 개 할 수 있다고 그게 곧 언어가 되는 것은 아니지요. 문법을 이루거나 최소한 단어를 나열해서 의미를 전달할 수 있어야 합니다. 얼마 전까지만 해도 언어학자와 고인류학자들은 당신에게 그런 능력이 없다고 추정했지만, 아직 더 연구가 진행돼야 할 것 같습니다.

현생인류보다 훨씬 적은 할머니

당신들은 주로 동굴에서 생활했어요. 그래서 '혈거인穴居人'이라는 말로도 불리고 있죠. 동굴에서 산 것은 일단 빙하기의 추위를 피하기 위해서였어요. 또 위험한 동물을 피할 수도 있었지요. 깜깜하니까 그 속에서 불도 피웠답니다. 캠프파이어 하듯 그럴듯한 화덕을 만들고 피운 것은 아니고 그냥 불 피울 자리를 정해 모닥불을 피운 정도예요. 일부 학자들은 당신이 불 피우고 동굴 안에서 노래하고 춤을 췄다고도 주장하는데, 정확한 건 연구를 더 기다려 봐야 알겠지요.

당신이 동굴에서 생활한 것도 당신의 지능이 호모 사피엔스보다 낮다는 증거이기도 합니다. 호모 사피엔스는 주의력이 뛰어나고 환경 적응력이 당신보다 높기 때문에 허허벌판에서 움막을 짓고 살 수 있다는 이야기예요. 당신은 이해하지 못하겠죠. 어떻게 매머드와 검치호랑이가 뛰어 노는 벌판에서 살 수 있는지를요. 호모 사피엔스도 검치호랑이 못지 않게 무서운 존재가 아닐까요. 만약 검은 피부의 호모 사피엔스가 벌판 먼 곳에 나타나기라도 한다면, 당신은 얼른 동굴로 가서 숨을 궁리를 하는 게 나을 겁니다.

당신은 동굴 하나에 25~30명 정도가 집단을 이뤄서 살았던 것으로 추정됩니다. 여기에는 남자와 여자 어른, 아이들이 모두 포함되지요. 남녀가 일부일처를 이루지 않고 뒤섞여 살았다는 주장도 있지만, 한편으로는 호모 사피엔스와 비슷하게 가족을 이뤘다는 연구 결과도 있어요. 2011년에 <미국립과학원회보PNAS>에 실린 연구는, 심지어 며느리가 남편 집으로 시집을 온 게 아닌가 추측하게 하는 유전자 분석 결과가 나오기도 했어요.[9]

불가능한 일이겠지만, 저는 당신의 가족을 한번 만나고 싶어요. 아마 할머니가 있는 대가족이 아니었을까요. '할머니'는 호모 사피엔스에게는 흔한 존재입니다. 흔하다고 하니 표현이 조금 이상합니다만, 사실이에요. 호모 사피엔스 이외의 다른 인류에게는 '할머니'라는 존재가 매우 드물었거든요. 수명이 그리 길지도 못했고, 활동력과 생식력이 뛰어나지 않은 나이 많은 여성이 살아남기에 그리 호의적인 환경도 아니었으니까요. 당신네 네안데르탈인에게도 마찬가지였습니다.

할머니의 존재는 진화의 큰 수수께끼였습니다. 여러 설명이 있는데, 그 중 하나는 '가임 기간이 끝난 여성이 직접 자손을 낳지 못하게 되자 손자를 돌봐서 종족의 생존율을 높이는 데 도움이 준다'는 인류학 가설입니다. 일명 '할머니 가설'이지요. 이 이론은 여성이 다른 동물의 암컷과 달리 폐경기 이후에도 오래 사는 이유를 설명해 준답니다. 그런데 이상희 교수와 라파엘 카스파리 미시건대 교수가 2004년 연구한 결과에 따르면, 네안데르탈인은 수명이 짧아서 30세 이상의 인구(평균 수명이 35살이니 30세면 할머니예요!)가 이보다 젊은 층의 39%에 불과했다고 해요. 할머니가 드물었다는 뜻이지요. 반면 3만~1만 8000년 전 살던 호모 사피엔스는 30세 이상 인구가 젊은 층보다 두 배 이상(208%) 됐습니다. 할머니가 그만큼 흔했다는 뜻이에요. 현생인류와 그 이전 인류는 할머니가 있는 인류와 없는 인류로 나뉜다고도 할 수 있겠네요.[10, 11]

스페인 지브롤터 고람동굴, 마지막 네안데르탈인

저는 가끔 당신이 그리워질 때면 당신과 제가 한 테이블에 앉아 식사를 하는 상상을 합니다. 당신은 불을 쓸 수 있으니 당연히 모닥불 근처에 저를 안내하겠지요. 2014년 5월 <내셔널 지오그래픽> 뉴스에 따르면, 유럽에서 인류가 불을 사용한 흔적은 거의 30만 년 전부터 발견된다고 합니다. 바로 당신이 살던 시절이지요. 인류학자들은 사실 그보다 더 먼저 음식을 조리해 먹었을 수 있고, 심지어 일부 인류학자는 음식을 조리해 먹기 시작하면서 문명도 시작됐다는 가설을 펼쳤어요. 이렇게, 불을 이용한 조리는 인류에 큰 영향을 미쳤습니다.

당신의 식탁은 어떨까요. 아까 사냥 이야기를 했는데, 고기를 많이 먹을까요. 물론 많이 먹을 것입니다. 이 역시 호모 에렉투스 때부터의 식성이지요. 내장의 길이가 상대적으로 짧아지고 몸통이 작아진 것이 바로 육식을 했기 때문이에요. 하지만 당신은 고기 말고 곡식과 채소도 많이 먹었다는 사실이 2010년 미국 스미소니언박물관 연구팀에 의해 밝혀졌습니다. 특히 대추야자나 콩과 식물, 그리고 목초 씨앗을 좋아했지요. 때로는 식물 역시 불로 익혀먹었어요. 당신의 만찬 테이블에 흩어져 있는 곡식 낟알을 잘 보면, 불에 그을린 흔적이 보일 것입니다.[12] 비록 뻥튀기는 못 만들었지만, 구워는 먹을 수 있었어요. 그릇도 못 만들었는데 어떻게 가능했을까요. 나무 껍질을 말아 만들었다는 추측이 나오기도 했지만,

확실한 것은 아직 모릅니다. 당신, 이야기 좀 들려 주세요.

예전에는 당신이 대부분의 열량을 동물성 음식을 통해 섭취했다고 봤어요. 그래서 기후 변화나 호모 사피엔스와의 경쟁이 일어나면서 식량이 부족해졌고, 결국 멸종의 원인이 됐다는 추측이 있었어요. 하지만 식물을 조리해 먹었다는 이런 결과 때문에 이 추측도 약간 의문에 휩싸이게 됐답니다. 당신은 굳이 사냥 경쟁을 벌이지 않아도 먹고 살 수 있었으니까요.

이야기가 점점 우울한 데로 가는군요. 당신이 점점 줄어든 진짜 이유는 무엇일까요. 5만 년 전까지 유럽 전역과 멀리 시베리아 남부에까지 퍼져서 잘 살던 당신은 3만 년 전부터 급격히 줄기 시작해, 2만 6000년 전 즈음에는 거의 멸종했어요. 이베리아 반도의 끝에 위치한 지브롤터에만 2만 4000년 전 정도까지 아주 일부가 살아남았지요. 바로 마지막 네안데르탈인인 당신이요….

전반적인 환경 변화가 당신의 멸종 원인이라는 게 학자들의 공통적인 주장입니다. 1만 8000년 전부터 시작되는 빙하기가 다가오고 있었어요. 그것도 전에 없이 강력한 추위를 동반한 빙하기였죠. 당신은 호모 사피엔스에 비해 추운 지역에서 살기 좋은 체형을 지니고 있어요. 하지만 아무리 추위도 항상 잘 적응한다는 뜻은 아니에요. 환경에 대한 적응력은 주어진 환경을 적극적으로 조절하는 능력을 필요로 해요. 허허벌판에서도 잘 사는 호모 사피엔스는 그런 능력을 갖췄지요. 하지만 동굴을 이용해 혹독한 환경으로부터 피하는 데에 익숙한 당신은 그런 능력에서 조금 열세였을 가능성이 있지요. 게다가 날씨가 추워지면서 주변 산림은 점차 목초지로, 황무지로 변해갔어요. 사냥할 동물도 사라져갔지요. 단지 추위가 문제가 아니었어요. 먹고 살기도 바쁜 엄혹한 시기가 왔던 거죠.

당신의 신체가 추위에 강하다는 것도 편견이라는 연구도 있어요. 기존에는 당신의 큰 코가 추운 공기를 '데워서' 추위를 이기게 해 준다는 가설이 있었는데, 그게 잘못됐다는 연구 결과가 2011년 <인간진화저널>에 발표됐거든요. 당신의 출산율이 상대적으로 낮다는 연구가 2007년에, 호모 사피엔스에 비해 하루 100~350kcal 에너지를 더 많이 소모한다는 연구 결과가 2009년에, 그리고 당시 당신의 숫자가 수천 명에 불과해 더 이상 인구가 늘 여력이 없었다는 연구 결과가 같은 해에 각각 나왔습니다. 하나 같이 당신이 호모 사피엔스에 비해 생존능력이 떨어진다는 내용뿐이었죠.[13] 실제로 호모 사피엔스는 당시에도 네안데르탈인이 사라져간

지역에서도 잘만 살고 있었어요. 뜨거운 아프리카에서 태어났지만, 가장 추운 지역까지 진출해 적응하고 살다니. 호모 사피엔스의 적응력은 정말 경이롭네요.

호모 사피엔스와의 만남

마지막으로 다시 한번 불경한 상상을 합니다. 당신이 마지막으로 호모 사피엔스와 만난 순간입니다. 멀리 검은 피부를 한 사람들이 보입니다. 말로만 듣던 호모 사피엔스가 드디어 당신의 마지막 피난처인 이베리아 반도 끝까지 찾아왔습니다. 바느질을 해서 만든 정교하고 따뜻해 보이는 옷을 입고, 당신은 상상도 해 본 적 없는 무기인 쏘는 무기(활)와 길고 긴 창을 둘러매고 있습니다. 목에는 색칠한 조개 껍질을 달고 있군요. 네안데르탈인이 색을 칠하거나 무늬를 만드는 일이 있는지, 장례에 꽃을 장식하는 일이 있는지, 그러니까 상징을 이해하는지에 대해서는 최근 동조하는 의견이 많습니다. 예술가이기도 한 호모 사피엔스와 당신은 이런 점에서도 비슷한 걸까요.

자, 당신과 호모 사피엔스가 이제 서로를 의식하며 바

라볼 정도로 가까워졌습니다. 사피엔스는 당신을 공격할까요? 저들은 사냥꾼 종족이고 당신도 사냥꾼이니까 서로 전투를 벌일지도 모릅니다. 아니면 혹시 친구가 될 수 있을까요. 일부 네안데르탈인들은 호모 사피엔스의 발달한 후기 구석기 기술을 배웠습니다. 어쩌면 당신 둘이 서로 결혼하는 일도 가능할지도 모르겠어요. 2010년 독일 막스플랑크 연구소가 내놓은 네안데르탈인 유전체 해독 결과를 보면, 놀랍게도 호모 사피엔스는 당신의 DNA를 수% 지니고 있습니다. 아주 일부지만, 둘이 서로 결혼해 자손을 남겼다는 의미입니다.[14] 2014년까지 이어진 여러 관련 연구를 보면, 호모 사피엔스의 몸에는 당신뿐 아니라 당신과 동시대에 살던 제3, 제4의 미지의 인류 DNA도 섞여 있다고 합니다. 그러니까 당신네 네안데르탈인은 멸종한 게 아니라 우리의 피 속에 살아 있는 것이지요. 또 이런 연구 결과를 확장하면, 심지어 당신과 호모 사피엔스를 애초에 서로 다른 종으로 분류하는 게 옳느냐는 반문이 나오기도 합니다. 아주 철학적인 문제지요.[15]

이제 당신과 호모 사피엔스 사이가 아주 가까워졌습니다. 당신은 이미 알고 있을 것입니다. 2만 4000년 전 이베리아 반도 서쪽 끝에 살던 당신이 바로 역사 속 마지막 네안데르탈인이라는 걸. 당신의 시대는 끝났고 호모 사피엔스의 시대가 열린다는 걸. 당신의 마지막 모습이 어땠을지 밝히는 것도 이제는 호모 사피엔스의 손에 의지해야 할 거라는 걸. 아마 호모 사피엔스는 당신이 지금 속으로 읊조리고 있는 소원을 들어줄 것입니다. 2만 4000년 뒤의 그들 역시, 당신의 피가 섞인 후손일 테니까요.[16, 17]

사자 드림.

p.s. 2014년 가을, 새로운 고고학 연구결과는 당신이 약 4만 년 전에 멸종했다고 밝히고 있습니다. 탄소연대측정법의 오차를 수정했다는데, 과연 새로운 연대가 옳을지 이후 연구가 주목됩니다.[18]

이 편지는 수취인 불명으로 반송되었습니다.

우리 몸에 깃든 제2, 제3 인류의 몸

2013년 1월 말, 흥미로운 뉴스가 설날 직전의 한국을 강타했다. "인류의 조상이 바뀔 수도 있다"는 내용의 연구 결과였다. 우리의 '사촌'쯤으로 알고 있던 유럽의 고인류 네안데르탈인과 현생인류 사이에는 (이종)교배가 있었고, 따라서 일부 유전자는 네안데르탈인으로부터 현생인류에게 건너왔다는 내용이었다. 우리의 조상 중 일부는 네안데르탈인이고, 우리 몸의 일부 역시 곧 네안데르탈인의 몸이라는 뜻이었다. 설날 직전이어서인지, 이 뉴스는 상대적으로 고인류학에 큰 관심이 없는 한국에서도 꽤 많은 관심을 받았다.

엄밀히 말해서 이 뉴스는 조금 오류가 있다. 내용이 아주 틀린 것은 아니지만, 네안데르탈인이 현생인류와 피가 섞였다는 '확실한' 유전학적 증거가 나오고 학문적 대세로 인정받은 지는 이미 4년 가까이 지났기 때문이다. 지금은 두 인류 사이의 혼혈이 언제, 몇 번 있었고 몸의 어떤 부분을 물려받았는지 등 세세한 부분을 연구하는 단계다. 이번 연구도 그 중 일부다.

2009년 2월, 미국 시카고에서는 미국과학진흥협회AAAS의 연례 총회가 열렸다. AAAS는 세계 최대의 과학 단체로 학술지 <사이언스>를 발간하는 기관으로도 유명한데, 매년 2월 중순이면 전 세계의 과학자와 과학기자 등이 참석한 가운데 학술대회와 대중 행사를 개최한다. 전 세계 과학자와 과학기자의 눈을 사로잡을 '무기'가 될 기념비적인 연구 결과를 발표하기도 하는데, 이 해의 무기가 바로 네안데르탈인의 게놈 초안 분석 결과였다. 이미 멸종해 화석이 된 인류의 방대한 DNA를 해독하고 있다는 사실은 그 자체로 놀라운 일이 틀림없었다. 그때는 '인간게놈 프로젝트'를 통해 처음으로 인류의 게놈을 분석한 지 겨우 6~7년밖에 지나지 않은 때였다.

더구나 유전학을 이용해 인류의 진화를 연구하는 데에 선봉장인 독일 막스플랑크연구회 진화유전학부 스반테 패보 박사가 발표를 맡는다는 소식이 전해지자, 저녁으로 예정된 발표회장은 오후부터 발 디딜 틈 없이 성황을 이뤘다. 며칠 앞서 강연을 한 고어[Albert Arnold Gore Jr] 전 미국 부통령의 강연장에 버금가는 인기였다. 필자 역시 인파에 뒤섞여 숨죽인 채 강연을 기다렸다.

패보 박사는 그날 놀라운 이야기를 들려줬다. 크로아티아에서 발굴한 약 3만 8000년 전 네안데르탈인 인골 화석을 곱게 갈아, 그 안에서 핵을 이루는 거의 대부분의 유전물질[DNA]을 추출해 해독하고 있다는 내용이었다. 화석의 DNA는 오랜 시간 동안 파손돼 길어봐야 수십 개 정도의 파편적인 염기서열로 남아 있을 뿐이었고, 그나마 대부분(96% 이상)은 토양의 미생물 DNA에 오염돼 있었다. 연구팀의 유전자가 시료에 묻어 뒤섞이는 경우도 있었다. 그 안에서 진짜 네안데르탈인의 DNA를 가려 해독하기 위해서는 천문학적인 자료를 분석해야 했다. 연구팀은 이런 모든 문제를 오랜 경험을 통해 구축한 고[ancient] DNA 추출 기술과 차세대 염기서열 해독기술을 이용해 풀어냈고, 완전하지는 않지만 약 30억 개의 게놈 염기 서열을 얼추 짜맞춘 상태였다.

패보 박사는 그 자리에서 고인류학계의 오랜 숙원에 대해서는 언급을 아꼈다. 바로 네안데르탈인과 현생인류 사이에 피가 섞였는지 여부였다. 한국에서는 네안데르탈인에 대한 관심이 크지 않지만, 유럽에서는 하늘을 찌르다. 이미 100여 년 전부터 땅 여기저기에서 화석과 유적이 발굴됐기 때문이다. 게다가 유럽 땅에서 현생인류는 약 4만~5만 년 전부터 살기 시작했는데, 당시는 아직 네안데르탈인이 살고 있을 때였다. 따라서 인류가 과연 이 친척과 마주쳤는지, 마주쳤다면 사이좋게 지냈을지 혹은 싸웠을지 많은 인류학자와 과학자, 심지어 예술가들의 관심이 이어지고 있었다. 더 극적인 것은, 네안데르탈인이 인류가 온 지 겨우 2만여 년 뒤에 완전히 자취를 감췄다는 사실이었다. 인류가 여기에 영향을 미쳤을지 여부도 탐구의 대상이었다.

그 모든 의문의 정점에는 현생인류와의 혼혈 여부가 있었다. 서로 다른 종 사이에는 대를 이을 수 있는 자손이 태어날 수 없다는 게 생물학에서의 느슨한 합의다. 하지만 자연에서 예외 사례가 많이 발견되기에 둘이 피가 섞였을 가능성을 완전히 무시할 수는 없다. 더구나 이미 멸종한 생물을 그저 뼈의 형태만으로 구분하는 고생물학과 고인류학에서는 종을 구분할 때 불확설성이 더 크다. 이 말은 둘 사이의 혼혈이 "네안데르탈인을 인류와 '다른 종'으로 구분하는 게 온당하냐"는 철학적인 질문까지 제기하는 큰 화두였다는 뜻이다.

패보 박사는 이 날 네안데르탈인에게서 현생인류로

들어온 것으로 추정되던 일부 유전자를 언급하며, "네안데르탈인의 게놈에서는 아직 발견하지 못했다"고만 밝혔다. 이 언급은 "네안데르탈인과 현생인류 사이에는 혼혈 증거가 없다"는 뜻으로 해석됐고, 당장 영국의 과학잡지 <뉴사이언티스트> 등은 미국발 기사로 "둘 사이에 혼혈은 없었다"는 기사를 싣게 했다.

패보 박사의 언급에 이토록 관심이 쏠린 이유는, 바로 그가 이 문제에 대해 여러 차례 선행 연구를 했고, 그 때마다 두 인류 사이에는 혼혈이 없었다고 밝혀왔기 때문이다.[19] 핵의 수만 분의 1 수준으로 크기가 작은 세포 내 소기관인 미토콘드리아의 DNA를 분석한 연구 역시 패보 박사팀이 세계 최초로 했는데, 이 때도 역시 혼혈 가능성은 낮다는 결론이 나왔다. 게놈 초안 연구 결과 역시 그런 결과를 뒷받침하며 끝나는 것으로 많은 사람들은 이해했다.

하지만 이듬해, <사이언스>는 충격적인 반전을 담은 논문을 실었다. 패보 박사팀이 드디어 완전한 네안데르탈인 게놈을 해독해 냈는데, 놀랍게도 현생인류의 유전자 가운데 수 %는 네안데르탈인에게서 온 것으로 파악됐다는 내용이었다. 네안데르탈인의 게놈과 현생 아프리카인, 아시아인, 유럽 백인 등의 게놈 시료를 서로 비교했는데, 유럽인에게서 가장 많은 공통 유전자가 나왔고 아프리카인에게서는 나오지 않았다. 연구팀은 유전자가 섞인(즉 혼혈이 집중적으로 이뤄진) 시기도 추정했는데, 아프리카에서 태어난 현생인류가 북쪽으로 이동한 뒤 유라시아로 퍼지기 직전에 이뤄졌을 것으로 봤다.

이 연구는 두 가지 면에서 극적이었다. 먼저 네안데르탈인과 현생인류 사이에 피가 섞였다는 사실 자체였다. 이것은 특히 유럽 지역에서 충격적인 결과였다. 이상희 미국 UC리버사이드 인류학과 교수는 "유럽인에게 '너는 네안데르탈인이야'라는 말은 '너는 야만인이야'라는 말과 같은 뜻일 정도로 네안데르탈인은 배타적이고 차별적인 대상이었다"며 "하지만 그런 인류가 사실상 조상이라는 데에 많은 유럽인들은 곤혹스러워했다"고 말했다. 이 교수는 "인종차별을 떠올리는 이런 생각에 반발해 독일 등에서는 반대로 '나는 네안데르탈인입니다'라고 쓴 문구를 새긴 옷을 입고 다니는 운동도 있었다"고 말했다.

두 번째는 보다 근본적이다. 인류의 진화 역사를 둘러싸고는 크게 두 가지 대립되는 학설이 있다. 하나는 현생인류가 15만~20만 년 전에 아프리카에서 태어난 뒤 전 세계로 퍼져나갔고, 그 사이에 다른 친척 인류가 (현생인류와 직접적으로 연관이 있든 없든) 모두 사라져 호모 사피엔스만 남았다는 '완전대체론'이다. 완전대체론은 현생인류가 명확히 아프리카에서 태어났다고 보기 때문에 '아프리카 기원론'이라고도 불린다. 1990년대에 유전학의 발달로 각지에 분포한 인류의 기원을 추적하기 시작하면서 과학적으로 인정받았고, 큰 힘을 얻었다.

이와 반대로, 여러 종이 태어났지만, 지역에 이미 존재하던 다른 인류와 서로 섞여 '대체'는 일어나지 않았다고 보는 학설이 있다. 예를 들어 호모 사피엔스가 아프리카에서 처음 태어났다고 하더라도, 이들이 퍼져나가는 과정에서 이미 기존의 지역에 자리를 잡고 살고 있던 친척 인류들(호모 에렉투스나 네안데르탈인)과 피를 섞었고, 따라서 사실상 하나의 종으로 함께 진화해 왔다는 설이다. 이 학설에 따르면 200만 년 전 호모 에렉투스가 등장한 이후 인류는 전 지구적으로 서서히 진화해 왔을 뿐, 뚜렷한 이종(다른 종, 즉 친척 종)은 존재하지 않는다. 이 학설은 '다지역연계론'이라고 불린다.

패보 박사가 2009년까지 한 연구는 분명 다지역연계론보다는 완전대체론과 더 궁합이 잘 맞았다. 그런데 2010년의 연구는 반대였다. 비록 약간이지만 서로 다른 인류가 서로 섞였다는 뜻이기 때문이다. 이는 그간 유전학의 도움으로 쌓아 올린 견고한 완전대체론에 균열이 가게 하고, 다시금 다지역연계론이 주목받는 계기가 됐다.

네안데르탈인

<사이언스>의 고인류학 에디터인 앤 기번스 기자는 당시 "두 이론 사이의 절충이 진실일 가능성이 있다"고 평하기도 했다. 패보 박사는 어떻게 생각할까. 2014년 2월 발간된 저서 《네안데르탈 맨》(국내 미번역)에서 그는 이 문제를 똑똑히 언급했지만, "결론을 내리지는 않겠다"며 답을 피했다. 하지만 책 표지에 나온 네안데르탈인 화석 사진의

주석에는 현생인류의 아종을 뜻하는 '호모 사피엔스 네안데르탈렌시스'라는 학명을 표기해, 사실상 다지역연계론의 손을 들어줬다.

증거는 더 늘어갔다. 네안데르탈인에 대한 연구를 발표하고 반 년 뒤, 패보 박사는 그와 맞먹는 또 하나의 연구 결과를 발표했다. 러시아 알타이산맥 근처에서 나온 미지의 제3인류 화석인 '데니소바인'의 DNA 해독이었다. 분석 결과 이 인류 역시 현생인류, 특히 남태평양의 멜라네시아인과 피가 섞였다는 사실을 알 수 있었다. 2013년 12월에는 데니소바인과 지역적으로 가까운 알타이산맥 근처의 네안데르탈인 게놈을 추가로 분석했는데, 이를 통해 데니소바인에게 현생인류와 네안데르탈인은 물론 미지의 제4의 인류 유전자도 있다는 사실이 발견됐다. 당시 존재했던 서너 인류는 비록 조금씩이지만 서로 복잡하게 뒤섞인 상태였다.

2014년 1월 말에 <사이언스> 온라인판과 <네이처>에 각각 발표된 연구 결과는, 이렇게 최근 인류학의 '패러다임'을 뒤바꾼 패보 박사팀 연구의 보충 연구 또는 응용 연구다. 예를 들어 <사이언스>의 연구는 이미 해독이 완료돼 있던 수백 명의 현생인류(유럽인과 동아시아인)의 게놈 정보에서 광범위하게 흩어져 있는 네안데르탈인의 유전자를 찾아내고, 이를 이용해 네안데르탈인의 게놈 일부를 재구성했다. 현존하는 종의 DNA를 이용해 사라진 종의 게놈을 일부 복원했다는 점에 의의가 있다. 동아시아인은 유럽인과 달리 네안데르탈인과의 '교류'가 한 번 더 있었다는 사실이나, 털과 피부와 관련한 유전자 등 상당수의 유전자가 네안데르탈인의 것이었다는 사실도 추가로 밝혔다.

이런 내용 중 국내외 언론이 주로 부각한 부분은 "우리 몸 또는 유전자의 이러이러한 부분이 사실은 네안데르탈인에게서 왔다"는 부분이다. 이 사실은 어쩌면 몸에 대한 우리의 환원론적 시각을 반영하는지도 모른다. 몸의 성분을 쪼개고 쪼개 그 근원을 묻는 방식 말이다. 하지만 네안데르탈인과 인류 사이의 관계를 묻는 최근의 연구들은 그런 차원을 벗어난 느낌이다. '나와 너' 사이에서 구분의 모호함을 화제 삼고 있다. 우리가 몸에 품은 제2, 제3인류의 유전자는, 우리와 '그들' 사이의 차이가 생각보다 작고, 구분의 기준은 흐릿함을 말하고 있을지도 모른다.

나는 내가 버렸던 헌 고무신 안에
지붕 없는 집을 짓고 무력한 그리움과 동거하며
또 평행의 우주를 꿈꾸는데

그러나 그때마다 저 너머 다른 평행에 살던 당신을
다시 만나는 건 왜일까,
그건 좌절인데 이룬 사랑만큼 좌절인데
하 하, 우주의 성긴 구멍들이
다 나를 담은 평행의 우주를 가지고 있다면

빛 속에서 이룰 수 없는 일은 얼마나 많았던가 이를테면
시간을 거슬러 가서 아무것도 만나지 못하던 일, 평행의
우주를 단 한 번도 확인할 수 없던 일

– 허수경, '빛 속에서 이룰 수 없는 일은
얼마나 많았던가' 부분.

세상에 또다른 내가 있다는 건 어떤 기분일까요. 평행우주에서나 일어날 수 있는, 가능성이 희박한 일일까요. 그렇다면 이런 건 어떨까요. 세상에, 나를 너무나 닮은 이가 또 있다는 건 어떤 기분일까요. 나는 아니지만 나와 닮은 그 누군가가 존재하고, 나는 그 사실을 알며, 심지어 만나기까지 한다면요. 당신은 그 기분을 아나요. 아마 안다고 말하겠지만, 사실 당신은 모릅니다. 당신과 너무나 닮은, 당신 아닌 당신을 만나본 적이 없거든요. 적어도 문명이 이룩된 이후로는 말이죠.

터키 소설가 오르한 파묵의 작품 《하얀 성》은 이런 의문을 철학적으로 승화한 작품입니다. 오스만 제국에 납치된 베네치아의 한 한량은 그곳에서 자신과 닮아도 너무나 닮은, 마치 거울을 포갠 것처럼 얼굴이 꼭 같은 사람을 만납니다. 있을 수 없는 일, 확률적으로 극히 희박한 일이 소설이라는 공간 안에서 일어난 것이지요. 주인공은 그 사람의 집에 감금된 채 고향에 돌아갈 기약 없는 날을 기다립니다. 그는 자신과 자신이 나고 자란 문화권, 그리고 그곳의 과학을 동경하면서도 질시하는, 자신과 닮은 오스만인 주인을 경멸합니다. 자신을 가두고 노예로 부리는 주인이자, 평소 배척해 마지않던 이교도를 어떻게 사랑할 수 있겠어요. 하지만 조금씩

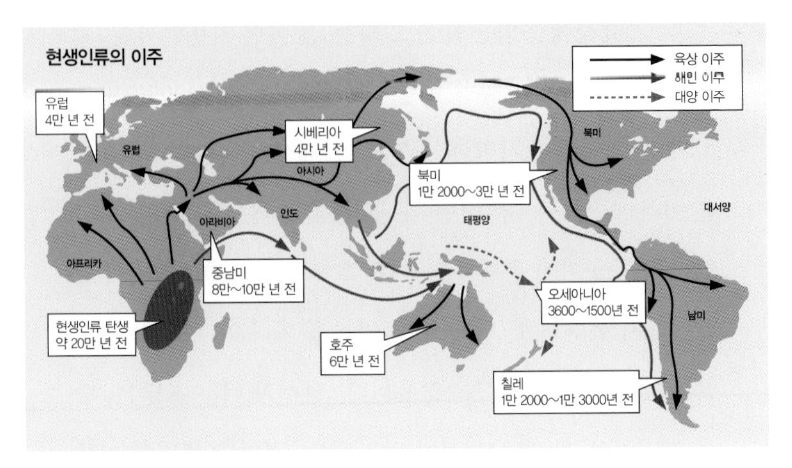

호모 사피언스 이동경로

시간이 지나며, 주인공은 오스만인에 대한 묘한 동질 의식을 느끼게 됩니다. 그래서 자신의 뜻을 펼치지 못하고 유폐 당한 듯 내면 속으로 침잠해가는 주인을 대신해, 그는 오스만 제국의 정계에서 활약합니다. 그리고 결국, 둘은 운명을 맞바꾸기로 합니다. 주인이었던 오스만인이 베네치아로 가고, 주인공은 오스만 제국에 남습니다.

소설의 세계는 둘이 서로 맞바꿀 수 있을 만큼 닮은 이들이 존재할 수 있었기에 서로의 운명을 비교하고 낯설게 보며, 끝내는 완전히 교환할 수 있었습니다. 하지만 친애하는 호모 사피엔스여, 당신이 사는 세계는 어떤가요. 당신에게는 당신과 닮은, 당신의 운명을 낯설게 보게 해 줄 상대가 있던가요. 당신은 지금 혹시 혼자가 아닌가요. 닮은 존재 없이, 외로이 홀로, 안개 낀 것 같은 길을 걷고 있지는 않은가요.

호모 사피엔스여, 저 네안데르탈인이 사라진 인류의 대표로서 당신에게 말을 겁니다. 당신이 제 말을 들을 수 있을지는 모르겠습니다. 우리가 서로 공통의 언어를 사용한 적이 있다는 증거는 없으니까요. 제가 당신만큼 유창한 언어를 지녔는지 여부도 아직 논란 중이라는 이야기는, 사자가 제게 보낸 편지에도 있습니다. 하지만 그렇다고 우리 사이에 교류가 없었으리라고는 생각하지 않습니다. 당신이 서남아시아에 왔을 시기인 약 8만 년 전 즈음에, 우리는 같은 곳에서 먹고 자고 사냥하며 생활권을 공유했습니다. 당신이 서서히 북상해 4만 년 전 즈음 지금의 중부 유럽까지 들어왔을 때에도, 마찬가지로 한동안 우리는 사냥터나 계곡 등지에서 만날 수 있었습니다. 하지만 우리는 아마 먼발치에서 서로를 유심히 관찰하고, 필요하다면 위협적인 몸짓으로 상대를 멀리 쫓아내는 정도로 소극적으로만 교류했을 것입니다. 그러면서 한편 자신과 놀랄 만큼 닮은 상대가 있다는 사실에 경악하고, 그 심정을 대대손손 자손들에게 전해줬을 것입니다. 제가 그랬고, 아마 당신 역시 똑같았겠죠. 자신과 똑 닮은 대상을 만난 사람의 반응은 매한가지라고 생각합니다. 다만 딱 한 가지만 빼고요. 당신은 수가 점점 많아져서 이야기를 전달할 대상이 점점 많아졌고, 저는 반대로 수가 급감해 전달할 대상을 찾기가 점점 어려워졌다는 점만이 우리 사이를 갈랐습니다. 당신이 유라시아 대륙을 차지해 나가던 그 때, 이미 우리는 서서히 희박해져가고 있었거든요. 우리가 남긴 흔적인 석기는 서서히 서쪽으로 서쪽으로 쫓기는 듯한 형세를 보이다가, 급기야 스페인 끝자락에서 마지막 자취를 남기고 말지요. 우리는 사라졌습니다.

유례 없는 대형 포유류의 전성기

현재 당신은 개체수 측면에서 타의 추종을 불허하는 놀라운 모습을 보이고 있습니다. 2012년, 당신은 공식적으로 인구 70억을 넘겼습니다. 50억 인구를 넘은 지 불과 24년만이었습니다. 지구상에 당신과 필적할 인구수를 자랑하는 대형포유류는 전혀 없습니다. 공장식으로 비정상적으로 사육되고 있는 가축만이 규모 면에서 비교가 되지만, 그나마 닭만 당신의 개체수를 넘어설 뿐 나머지는 한참 아래입니다.

당신이 번성한 역사를 구체적으로 살펴볼까요. 당신이

처음 아프리카에서 태어났을 땐, 당신은 아프리카에서 나고 진 수많은 다른 친척 인류처럼 보잘것없는 하나의 종이었습니다. 당시만 해도 인류는 거울처럼 포개어 자신을 돌아 볼, 자신을 닮은 인류를 여럿 경험했지요. 그 수는 모두 많아야 수천, 수만을 넘지 못했을 겁니다. 지금의 고릴라나 침팬지 집단처럼요. 호모 사피엔스 역시 마찬가지였을 것입니다. 아프리카 밖으로 진출했을 때도, 당신의 수는 그리 눈여겨 볼 만큼은 아니었을 것입니다. 오히려 그 수는 더 소수로, 아마 수백~수천 명의 인구가 조금씩 홍해 북쪽의 육지나 아라비아 반도로 나갔을 것입니다. 당신의 일부는 동쪽으로 진로를 바꿔 인도와 동남아시아를 거쳐 호주까지 진출했습니다. 이런 확산은 무척 빨리 이뤄져서, 호주에서는 이미 5만~6만 년 전에 당신이 남긴 흔적이 남아 있을 정도입니다. 아마 따뜻한 기후를 보이는 열대우림 덕분에 살기가 좋았기 때문일 것입니다. 아프리카의 기후와 비교해서도 더 살기 좋으면 좋았지 나쁜 환경이 아니었겠죠. 지금은 작은 섬으로 떨어진 동남아시아부터 호주 사이도, 빙하기여서 낮아진 해수면 덕분에 육지로 이어진 곳이 많았고, 배를 통한 이동도 지금보다 손쉬웠을 것입니다. 반면 지금의 유럽인 서북쪽으로 가는 흐름은 더뎠습니다. 지리적으로 더 가까웠음에도, 훨씬 춥고 척박한 곳이었기에 약 4만 년 전 즈음에야 유럽에 진출할 수 있었습니다. 고고학 연구 결과에 따르면, 그나마 지중해 연안의 남쪽을 통해 반시계방향으로 간 인류가 북서쪽으로 직접 이동한 인류보다 먼저 서유럽에 닿았다고 하더군요.

당신이 동서로 갈라져 유라시아를 횡단하고 있을 때, 지구는 비교적 따뜻한 간빙기였습니다. 네안데르탈인과 당신이 공존하던 시기에도 비교적 따뜻한 날이 이어졌습니다. 온화한 환경 속에서, 당신의 인구는 점점 늘어났습니다. 제가 스페인 지브롤터해협 끝에서 마지막 흔적을 남기며 사라지고 있을 2만 4000년 전 즈음 당신의 인구는 처음으로 100만 명을 넘어선 것으로 추정됩니다. 후기 구석기 시대의 기술 혁신 덕분이었겠죠. 이후 다시 마지막 빙하기의 절정을 겪으며 인구 증가 추세는 주춤해졌습니다. 약 1만 8000~2만 1500년 전 즈음이었던 이 최후빙기 최성기에는 해수면이 낮아진 덕분에 유라시아 대륙과 아메리카 대륙은 연결돼 있었고, 이를 통해 인류는 디딜 수 있는 육지에는 거의 모두 들어가게 됩니다.[1]

당신의 인구는 농업혁명과 신석기 기술 혁명이 이뤄진 약 1만 년 전 이후부터 비약적으로 늘어났습니다. 이 시기 이후에야 비로소 당신의 수는 1000만 명을 처음 넘어선 것으로 보입니다. 이후 당신은 순탄하게 번성해, 세계 각지에 철학이 꽃피던 기원전 500년 쯤 인구 1억을 넘어섰습니다. 중세 시대에 수억을 돌파한 뒤, 산업혁명이 있던 19세기에 드디어 10억을 돌파했습니다. 이어 1927년 20억, 1959년 30억을 돌파했고, 이후부터는 약 12~15년마다 10억을 돌파하고 있습니다. UN의 2012년도 계산에 따르면, 당신은 2060년 즈음에는 100억 인구를 돌파할 가능성이 높습니다.[2] 최근에는 보다 빨리 인구가 늘 것이라는 새 연구 결과도 나온 적이 있지요.

하지만 더욱 놀라운 것은 수가 아닙니다. 이 모든 기적 같은 번성이 모두 단 하나의 종, 호모 사피엔스에 의한 것이라는 사실이 저는 더욱 놀랍습니다. 당신에게는 닮은 종이 없습니다. 당신이 아프리카에서 태어날 당시 함께 있었던 종들은 모두 사라졌습니다. 그 당시 유라시아에 있던 다른 종 역시 이상하게 당신의 진출을 전후해 모두 사라졌습니다. 당신은 지구상에 홀로 살아남은 인류입니다. 그 결과 당신에겐 또다른 인류, 거울처럼 당신을 비춰보고 비교해 볼 대상이 없게 됐습니다. 거울을 보고 자신을 돌아보듯, 우리 같은 또다른 당신을 보고 당신 자신의 운명을 되돌아볼 기회 역시 사라졌습니다. 당신은 현재 지구상에 유일하게 성공한 인류입니다. 당신은 지구 위에 홀로 우뚝 서 있습니다.

자랑스러우신가요. 앞서서 박쥐가 꿀벌에게 보냈던 편지가 떠오릅니다. 사람에게 있는 '힘에의 의지'라는 속성에 대해서요. 모든 것을 압도하는 단 하나의 의지이자 절대적인 기준인 힘은, 사람들에게 위로 오를 것을, 더 높아질 것을 요구합니다. 이것이 다른 경쟁자들을 억압하고 배척하며 홀로 우뚝 서기만을 추구한다는 뜻은 아닐 것이라 믿습니다만, 적어도 그 동안의 역사를 보건대 현실적으로 나타난 결과는 그와 비슷합니다. 당신은 결과적으로 지구 위에 홀로 남아 대륙을 누비고 있습니다.

그게 당신만의 능력이 보여줄 수 있는 기막힌 기적이라고 말한다면, 그건 부정하지 않을래요. 모든 동물 역시 갖고 있는 힘에의 경도라고, 자연의 비정한 속성이라고 말한다면, 그것도 부정하지는 않겠습니다.

하지만 이미 사라진 모든 인류를 대신해 하나만 당부하려고 합니다. 당신의 논리를 자연에 그대로 적용하지는 말아주세요. 이미 당신의 개체수는 자연이 감당할 수 있는 수준을 넘어섰습니다. 다른 동물이 이 정도 수준으로 번성했다면, 당신은 틀림없이 '이상증식', '창궐'이라는 용어를 써가며 구제에 나섰을 것입니다. 하지만 다른 동물은 당신에게 그렇게 하지 않죠. 오히려 당신에게 서식지를 빼앗긴 채 조용히 사라지고 있습니다. 당신의 힘 역시, 자연이 스스로 감당할 수준을 넘어섰습니다. 인간 개개인은 미약하지만, 70억이라는 전무후무한 인구수 덕분에 자연에 가해지는 부담은 상상을 넘어서고 있습니다. 특히 무수히 많은 생명이 그물처럼 얽혀 이룬 생태계는, 미세한 균열을 동시다발적으로 겪으며 요동치고 있습니다. 당부합니다. 당신의 힘과 논리를, 상대적으로 약한 주변의 다른 종에게도 적용하진 말아주세요. 당신의 삶에 방해가 된다면 못살게 굴고, 위험하다면 없애버리고, 제 필요에 따라 서식지도 서슴지 않고 없애버리지 말아주세요. 넓은 아량으로 같이 사는 길을 택해 주세요. 당신이 그악스럽게 당신만을 위해 자연을 길들이려 한다면, 바뀐 환경의 틈바구니에서 동물들은 쉽게 살지 못해요. 저처럼요. 당신과 가장 닮았다던 저조차도 당신이 들어온 유럽과 소아시아 지역에서 더는 견디지 못하고 사라졌는데, 적응력이 뛰어나지 못한 다른 동물은 어떻겠어요. 물론 제 멸종이 온전히 당신 때문은 아닐 것입니다. 오히려 바뀌는 환경에 적응하지 못한 제 부적응성 때문일 가능성이 더 큽니다. 그건 사자가 제게 준 편지에도 나와 있지요. 하지만 어느 경우든, 당신은 견딘 환경을 저는 견디지 못했다는 사실

만큼은 부정할 수 없습니다. 당신이 그악스럽게 버틴 그 길목에서 저는 쓰러졌습니다.

인간이여, 당신께 부탁합니다. 부디 다른 동물을 밀어내고 홀로 이 행성을 차지하지 말아 주세요. 당신과 동물들이 서로 전혀 관계를 맺지 않아도 되는 존재라고 생각하지 말아 주세요. 저에게 무관심했듯이 다른 동물에게 무관심하지 말아주세요. 아니, 무관심을 넘어 절멸을 가속화하지 말아 주세요. 동물의 서식지를 없애고 사냥하고 기후변화를 일으키지 말아 주세요.

당신은 항변할 것입니다. 폭발적으로 늘어나는 인구수를 감당하려면 어쩔 수 없다고요. 이들도 먹고 살아야 하지 않겠냐고요. 동물이, 자연이, 공존이 밥을 먹여주는 일은 아니냐고 되물을 수도 있습니다. 오히려 강한 존재가 약한 존재의 터전을 빼앗고 밀어내는 것은 자연이 가르쳐준 일이라고 말할지도 모르겠습니다.

하지만 친구여, 당신의 번성을 이유로 다른 동물의 살 권리를 억압하는 것은 정당성을 얻기 힘든 일입니다. 때로는 그 과정이 직접적이지 않고 간접적이라고 하더라도요. 도도새나 호랑이가 겪은 것처럼 그들이 살 공간을 개조하고, 먹이가 되는 다른 동물을 추방하며 생태계의 고리를 끊는 방식으로도, 동물은 충분히 위험에 빠질 수 있습니다.

사라진 저는 당신의 답을 기다립니다. 아직 늦지 않았습니다. 당신이 아무리 개체수가 많고 거대 기계를 움직일 만큼 영리하다고 해도, 지구는 당신이 다 넘볼 수 없을 정도로 크고 복잡합니다. 게다가 이 지구를 혼자 독차지해서 무얼 하겠어요. 자신을 비출 다른 대상 없이, 홀로 지상에 우뚝 서면 무엇이 좋겠어요. 다른 존재와 교류하고 나누는 것이 오히려 삶을 훨씬 더 풍부하게 만들지 않을까요. 《하얀 성》의 주인공처럼 자신과 꼭 닮은 대상은 아니더라도, 교류할 수 있는 대상이 풍부한 생태계가 삶을 더 풍요롭게 만들 것이라고 저는 확신합니다.

사실 답은 당신 안에 이미 있습니다. 이상희 UC리버사이드 인류학과 교수는 당신에게 내재한 협력적인 성향에 주목합니다. 당신의 수가 늘어난 것은 진화적으로도 특이한 일입니다. 생명의 긴 역사에서 모든 동물은 환경에 적응할 수 없는 개체가 사라지고 적합한 개체만 살아남는 자연선택 과정을 거쳤습니다. 진화는 바로 이 과정과 변이라는 조건 아래에서 일어납니다. 인류 역시 긴 진화 역사 내내 그 과정을 겪었습니다. 먹거리가 척박한 상황에서 위험천만한 사냥을 통해 연명해야 할 때, 협동해서 거대한 들짐승을 잡을 정도의 완력과 담력, 또는 지력이 없는 사람을 도태시킬 충분한 진화적 압박이 있었습니다. 하지만 그런 일은 벌어지지 않았습니다. 당신은 발달된 문명과 이타심, 배려, 협력심을 바탕으로, 과거였다면 도태될 수밖에 없을 나약하거나 명민하지 못한 사람조차 돌보고 이끌며 같이 살아남았습니다. 엄청난 수로 폭발적으로 늘어난 인구수에는, 단순히 70억이라는 수로만 가늠할 수 없는 질적 차이가 있습니다. 과거였다면 목숨을 부지하기 힘들었을 약자들이 포함돼 있습니다. 이들은 과거와는 다른 방식으로 사회에서 한몫을 하고 있습니다. 70억 인구 안에서 인류는, 과거 인류에게서는 발견할 수 없는 놀라운 다양성을 담아 새롭게 직조해내는 데 성공하고 있습니다. 이게 우연일까요. 어쩌면 당신에겐 공존을 지향하는 유전자가 이미 있는 게 아닐까요.[3]

비유가 아닙니다. 사자로부터, 당신의 유전체 안에 제 유전체가 섞여 있다는 최근의 연구 결과에 대해 들었습니다. 당신은 저와 관계를 맺고, 자손을 남기기도 했다는 뜻입니다. 저와 싸우고 몰아내는 데 혈안이 돼 있지 않았다는 것을 암시합니다. 당신에게는 평화로움을 지향하는 성향이, 함께 하고자 하는 마음이 있습니다. 말도 통하지 않고, 닮은 듯하면서도 결코 닮지 않은 낯선 존재에 대해서도 호기심과 포용력을 갖고 접근할 수 있는 아량이 얼마든지 있습니다. 저는 이 모든 것이 당신에게 공존의 유전자가 있다는 증거라고 생각합니다.

저는 사라졌지만, 결코 사라지지 않았습니다. 저는 당신 안에 존재하며, 당신의 모든 발걸음을 같이 하고 있습니다. 그리고 확신합니다. 당신은 《하얀 성》의 주인공처럼, 거울상과 같은 자신의 상대와 운명을 교차시킬 수 있고, 교환할 수도 있습니다. 그 대상을 찾아 비현실적인 평행우주를 헛되이 헤매야 할 필요가 결코 없습니다. 주변을 둘러보세요. 그곳에서 당신과 생태계를 공유하는, 아니 당신과 같이 생태계를 완성해 가는 다른 동물이 있을 것입니다. 약하고 무용해 보이는 인류를 보듬고 품어 70억에 이르도록 번성시킨 당신의 포용력을, 이제 다른 종에게도 넓혀 보세요. 조금이지만 제게도 보여줬던 그 포용력을, 당신의 유전자를 공유하는 존재로서, 다시 기다립니다.

당신의 오래된 친구이자 거울,

네안데르탈인이.

에필로그

새벽을 잃은 인간에게

나무 하나하나가 하나의 개체이고, 잔돌들은 각기 제자리에 있는 소도구이다. 외진 곳의 평평한 바닥에는 빛으로 만든 창들이 꽂혀 있다. 자리만 있으면 풀이 자란다. 벌레들이 햇빛 얼룩마다 윙윙거린다. 어디에선가 딱따구리가 내는 작업장 소리가 울려 퍼진다. 이 시간에는 창조가 동물들의 몫이고, 사람들은 다 최초의 인간, 혹은 최후의 인간처럼 땅 위에 있다.

– 율리 체, ≪형사 실프와 평행우주의 인생들≫ 중

산 속의 새벽을 묘사한 이 소설 대목에는 고요함이 있습니다. 빛은 소리를 내지 않습니다. 풀은 말 없이 자라고 잔돌은 미동도 하지 않으며, 곤충이 내는 윙윙거림은 귀보다는 눈에 더 인상적인 궤적을 남깁니다. 네 발 초식동물이 내는 느리게 사각거리는 발길음 소리는 고요함을 강조하기 위한 공교로운 무대장치 같습니다. 딱따구리가 나무를 파는 요란한 파열음이 허공을 울리지만, 이조차 소리라기보다는 공간을 메우는 미지의 물질처럼 느껴질 뿐입니다.

이것은 새벽 시간의 소리가 인간에게 낯설기 때문입니다. 낯선 시간의 낯선 소리는 듣는 이에게 소리가 아예 없다는 잘못된 인상을 줍니다. 동이 트기 몇 시간 전의 새벽에 서울대공원 동물원에 간 일이 있습니다. 새벽부터 이뤄진 돌고래 '제돌이'의 제주 이송 및 방류 과정을 취재하기 위해서였습니다. 구비구비 택시를 타고 도착한 어둠 속에서, 저는 숨이 탁 막혔습니다. 태어나서 접해본 적이 없는, 낯선 종류의 고요함과 침묵이 제 앞을 가로막았기 때문입니다.

동물원에 정말 소리가 없이 적막한 것은 아니었습니다. 새 소리, 푸르르 떠는 듯한 나지막한 숨소리, 사각거리는 발자국 소리 등이 찬 공기를 낮게 진동시키고 있었습니다. 하지만 그 소리가 익숙할 리 없는 제게, 동물원은 그저 기이하게 고요할 뿐이었습니다. 굳이 표현하자면 소리가 가득한 고요함이라고 할까요.

이것은 이른 새벽이 인간의 시간이 아니기 때문입니다.

새벽은 동물의 세계입니다. 잠을 이긴 동물과, 이 동물을 노리는 또다른 동물이 이루는 보이지 않는 적대적 공생의 세계이며, 관계의 세계입니다. 비슷한 느낌을 저는 탄자니아 세렝게티에서 느낄 수 있었습니다. 세렝게티 한가운데 지역인 세로네라의 숙소에서 선잠을 자다 깬 새벽, 제게 들리는 것은 새들의 나지막한 노래와 하마의 부산한 울음, 소득 없던 한밤의 사냥을 벌충하려 새벽의 끝을 붙잡은 채 초원을 헤매고 있을 육식동물의 숨소리였습니다. 이 모든 소리가 잔잔한 바람을 스치며 고요하고 괴괴하게 새벽의 공기를 뒤섞고 있었습니다. 꼭 스노우볼 같았습니다. 흰 눈을 형상화한 반짝이는 가루가 가만히 가라앉다가도 가볍게 흔들어주기만 하면 다시 눈이 펄펄 날리는 풍경으로 변하듯, 이들의 소리 역시 침묵이 지배하는 초원에 보이지 않는 고요한 움직임을 불어 넣고 있었습니다. 제게는 어디까지나 만난 적이 없는, 태고적 고요함의 또다른 표현으로 보였지만요.

자의든 타의든, 인간은 언제부터인가 동물이 사는 새벽에서 배제됐습니다. 힘 없고 몸을 보호할 다른 무기도 변변찮던 수백만 년 전의 초기 인류는, 자신을 사냥할 수 있는 육식 동물이 판을 치는 한밤과 새벽의 아늑한 어둠을 버리고 작열하는 태양이 지배하는 낮을 택했습니다. 인류는 낮에는 움직이고 밤에는 숨어 쉬는 주행성 동물이 됐습니다. 그 결과 새벽의 괴괴한 고요함을 충분히 낯설어하게 됐습니다. 새벽을 낯설어하게 된 건 그저 미학적인 문제일지 모르지만, 동시에 벌어진 다른 일은 실질적인 문제였습니다. 인류와 다른 동물들과의 사이가 벌어졌습니다. 동물에 대해 인류는 점점 같은 세계를 공유하는 일원이라는 인식을 잃어갔습니다. 더구나 인류가 환경이 주는 혹독한 시련을 회피하는 정도를 넘어 자연을 유리하게 바꿀 수 있는 능력을 얻게 되면서부터는, 동물의 운명 역시 스스로의 구미에 맞게 바꾸는 지경이 됐습니다. 인류의 삶에 방해가 된다고 판단되는 동물은 없애고, 이롭다고 생각하는 새로운 토지개발을 위해서라면 서식지쯤은 우습게 파헤쳤습니다. 그래도 된다고 생각했습니다. 동물의 세계는 눈에 보이지 않았고 그들의 생각과 느낌은 열등하다고 여겼으며, 말도 못하는 동물의 권리 따위 골칫거리였을 뿐이었으니까요. 그들은 약한 존재였으니까요.

나는 항상 약자에 대한 태도를 보고 사람을 평가한다. 돈 많은 손님이 식당 종업원을 어떻게 대하는지, 상사가 부하 직원을 어떻게 대하는지를 본다. 그러나 이것이 인간성 시험의 종착지는 아니다. 모욕을 받은 종업원은 손님의 수프에 침을 뱉거나 더한 일을 할 수도 있다. 부하 직원은 일을 엉망으로 처리해서 상사가 그 위의 상사에게

혼나도록 할 수도 있다. 약자에게 어떻게 대하는지를 보면 그 사람에 대한 중요한 사실을 알 수 있지만, 절대적으로 힘이 약한 무력한 이들을 대하는 태도를 보면 그 사람을 거의 다 파악할 수 있다. 쿤데라가 말했듯이 가장 무력한 존재는 바로 동물이다.

– 마크 롤랜즈, ≪철학자와 늑대≫ 중

약한 존재로서의 동물에 대한 인식과 태도는, 역설적으로 인간성 시험의 주요 종목이 됩니다. 다른 존재를 대하는 태도를 통해, 우리의 존재가 시험받는 것입니다. 이런 시험 같은 것, 별거 아니라고 신경 끄면 그만인지도 모릅니다. 그게 더 실익일 수도 있기 때문입니다. 약한 사람을 돌봐봤자 비용만 더 들고 내게 돌아올 직접적인 편익은 딱히 보이지 않습니다.

하지만 맹자가 반문했죠. "왜 하필 이익에 대해 이야기합니까. 인의仁義를 이야기해야지요!(양혜왕 편)" 앞서 사냥을 할 때 사냥감인 동물이 도망칠 곳을 터 주는 아량을 의미하는 '왕용삼구'의 철학도 이야기했습니다. 흔히 약한 존재를 그저 힘으로 몰아 붙이고 이익을 취하는 것은 사람이 아니라 정글 속 동물이나 할 행동이라고 생각합니다. 여기에 대해 철학자 마크 롤랜즈는 반문합니다. 고의를 발명하고 속임수와 계략을 생활화하며, 다른 존재를 자신보다 약한 존재로 '만들어가며' 악행을 행할 구실을 찾는 것은 동물이 아니라 사람(롤랜즈의 용어로는 '영장류')이라고요. 늑대로 상징되는 야생의 동물은 그렇지 않다고요. 강한 동물이 약한 동물을 잡아먹고 사는 냉정한 모습을 보이는 곳이 늑대의 세계지만, 이들은 최소한 능력과 필요 이상의 학살과 착취는 하지 않습니다. 반면 인류는 약한 존재를 가만히 두지 못하고, 이익의 이름으로 빼앗고 괴롭힙니다. 그 결과가 다양성이 줄고 존립이 위태로워진 동물이라는 건 모두가 아는 사실입니다.

더구나 인류가 하나 잊은 게 있습니다. 애초에 인류는 새벽을 잊은 존재가 아니었습니다. 동물을 초월한 존재가 아니었다는 말입니다. 타는 듯한 더위를 피해 밤에 움직이는 게 자연스러운, 상당수의 다른 포유류와 비슷한 동물이었습니다. 지금도 다른 동물과 직접, 간접적으로 연결된 채 혹은 의지한 채 살아가고 있습니다. 지구의 모든 동물은 홀로 서 있을 수 없습니다. 태어날 때부터 다른 동물들의 틈바구니에서 진화라는 과정을 통해 태어났고, 다른 동물과의 관계 속에서 살아갔습니다. 죽어서는 다시 생태계의 일원으로 자연으로 돌아갔습니다. 하물며 생명이 척박한 심해의 고래도 그런 순환을 겪는데 다른 동물은 어떻겠어요. 그 관계성의 운명을 바로 인지하고 우리도 새벽의 세계, 그 역설적인 고요함의 세계에 다시금 눈을 떴으면 좋겠습니다.

인류가 관계와 관계맺음에 대해 다시 생각하는 계기가 됐으면 하는 마음에서 책을 구상했습니다. 각기 다른 계기로, 다른 취재와 공부를 통해 모은 과학 자료에 생각을 덧붙인 뒤, 이들을 모아 한 편의 연쇄적인 편지 글로 만들었습니다. 동물이 서로에게 인간의 언어와 글로 생각을 주고받는다는 아이디어가 인간 중심주의와 의인화의 오류를 범할 가능성이 있다고 비판할 수도 있습니다만, 그럼에도 이들의 말없는 말을 전달하는 게 필요하다고 생각했습니다. 무엇보다 이런 형식을 통해, 인류 역시 동물의 복잡하디 복잡한 생태계의 그물망 속에 포함된 존재라는 점, 이들을 연결해 주고 보호해 줄 최적의 존재 역시 우리 인류라는 점을 새삼 느끼게 하고 싶었습니다. 의도가 조금이라도 잘 전달이 됐으면 기쁘겠습니다.

이 책에 등장하는 수많은 연구자들이 이 책의 또다른 주역이라는 사실 역시 거듭 강조해 밝힙니다. 이미 본문과 더 읽을거리를 통해 그들의 아이디어와 글의 출처를 명확히 표기해 밝혔지만, 그들의 헌신적인 현장 조사와 연구는 다시 강조해도 모자람이 없습니다. 이 분들의 노고가 없었다면 이 책의 내용의 태반은 나올 수조차 없었을 것입니다. 그런 의미에서 연구자 분들의 열정과 독창성, 애정과 수고로움에 찬사를 바칩니다. 이 책에 조금이라도 영감어린 부분이 있었다면 그건 전적으로 연구자 분들의 작업 덕분입니다. 이 책을 통해 이런 헌신이 조금이라도 더 알려지고, 도움이 될 수 있는 계기가 마련되면 좋겠습니다.

더 읽을거리

PART 1. 삶의 문턱에서: 서식지 파괴와 동물

인간이 박쥐에게

1 박쥐가 인류에게 에볼라 등 강력한 감염병의 바이러스를 전파한다는 기사와 논문은 무수히 많다. 대표적인 기사는 아래와 같다. 특히 2014년 여름의 에볼라 창궐과 관련해서 과일박쥐와의 관련성도 자주 등장했다. (참고로 바이러스 전문가들에 따르면, 한국은 에볼라 바이러스를 전파하는 과일박쥐가 없으므로 안심해도 좋다.)

- Arnold, C. (2014) Contagion. *NewScientist*, 2014.2.8.

2 국내 원로 학자가 척박한 여건 속에서도 수십 년 동안 직접 몸으로 탐사해 한국 박쥐의 모든 것을 담아 낸 책이 있다. 박쥐에 대한 전체적인 상식을 얻고, 그 생태적 중요성을 인지하려면 꼭 읽어보자. 함께 탐사한 제자 학자의 사진도 훌륭하다. 이들은 현재 박쥐를 연구하지 못하고 있다. 한국에서 동물 생태학을 연구하는 일이 얼마나 어려운지 보여준다.

- 손성원. (2001) ≪박쥐≫. 지성사.

3 붉은박쥐(일명 황금박쥐)의 동면과 온도와의 상관관계를 밝힌 김선숙 박사의 논문은 아래와 같다.

- Kim, S., et al. (2013) Thermal preference and hibernation period of Hodgson's bats(*Myotis formosus*) in the temperate zone: how does the phylogenetic origin of a species affect its hibernation strategy?. *Can. J. Zool.*, 91, 47-55

4 박쥐의 초음파 능력이 먼저인지, 비행 능력이 먼저인지를 둘러싸고 벌어진 오랜 논쟁은 원시 박쥐 '오니코닉테리스 핀네이'의 화석을 연구한 아래 논문으로 종결됐다. 비행이 먼저다.

- Simmons, N., et al. (2008) Primitive Early Eocene bat from Wyoming and the evolution of flight and echolocation. *Nature*, 451, 818-821.

5 박쥐 초음파의 주파수와 음향의 확산 모양에 대한 연구는 아래 연구를 참조하자.

- Jakobsen, L. et al. (2013) Convergent acoustic field of view in echolocating bats. *Nature*, 493, 93-96.

6 미국 내 흰코증후군(WNS)의 전파 양상에 대해서는 CBS뿐만 아니라 여러 매체가 보도했다. 보도의 토대가 된 원자료는 미국 어류 및 야생동물 관리국의 다음 보도자료다.

- http://www.fws.gov/refuges/news/White-noseSyndromeFernCaveRefuge.html

7 호주에서 2014년 박쥐가 비처럼 내렸다는 보도는 여러 곳에서 보도했다. 대표적인 기사는 다음과 같다.

- Why 100,000 Dead Bats Fell From The Sky In Australia. *Huffington Post*. 2014.1.8.

8 풍력발전기의 터빈이 박쥐 떼죽음의 원인이라는 연구 결과는 아래에 있다.

- Hayes, M. (2013) Bats Killed in Large Numbers at United States Wind Energy Facilities. *BioScience*, 63(12), 975-979.

9 영국 수의사들이 풍력발전기에 의한 박쥐 떼죽음의 다른 원인을 밝혔다는 소식도 있다.

- Cramb, A. Wind turbines may be killing bats by 'exploding' their lungs. *The Telegraph*, 2013.9.13.

10 WNS에 의한 박쥐 수의 감소가 해충의 증가로 이어질 것이라는 미국 삼림청의 설명은 영문 위키피디아에서 재인용했다.

- http://en.wikipedia.org/wiki/White_nose_syndrome

11 박쥐에게 보내는 편지 부분은 필자가 <과학동아>에 썼던 박쥐 기사를 확대, 보완했다. 이 기사가 전체 책의 모티브가 됐으며, 따라서 책의 나머지 부분도 편지 형식을 차용했다.

- 윤신영. (2013) 비행, 레이더, 동면 - 진화의 꽃, 박쥐의 모든 것. <과학동아>, 2013.4.

박쥐가 꿀벌에게

1 2010년까지 미국 내 벌집붕괴현상(CCD)의 전개 양상을 알 수 있는 자료는 미국 의회와 농무부에서 나온 다음 보고서다.

- Johnson, R. (2010) 'Honey Bee Colony Collapse Disorder'. Congressional Research Service.
- CCD Steering Committee. (2010) Colony Collapse Disorder Progress Report. USDA.

2 미국의 CCD 전문가인 메이 베렌바움 일리노이대 교수의 인터뷰는 과학잡지 <사이언티픽 아메리칸>과 두 차례 이뤄졌다. 그 중 첫 번째에는 꿀벌응애가 사람으로 치면 랍스터가 달라붙어 피를 빨아먹는 것과 같다는 생생하고 충격적인(?) 비유가 포함돼 있다. 베렌바움 교수와는 e메일 인터뷰도 병행했다.

- Mirsky, S., Bee Afraid, Bee very Afraid. *Scientific American*, 2009.8.14.
- Mirsky, S., Colony Collapse and Ruptured Ribosomes; Minding Darwin's Beeswax. *Scientific American*, 2009.8.25.

3 CCD의 다양한 원인과 해결책을 추론하는 논문과 기사는 아래에서 볼 수 있다.

- Cox-Foster, D., et al. (2007) A Metagenomic Survey of Microbes in Honey Bee Colony Collapse Disorder. *Science*, 318(5848), 283-287.
- Cox-Foster, D., et al. (2009) Solving the Mystery of the Vanishing Bees. *Scientific American*, 2009.4.

4 미국에서 CCD에 대처하는 자세의 변화를 상징하는 제이 에반스 박사의 인터뷰는 다음 기사에 실려 있다.

- Zakaib, G. (2011) Geneticists bid to build a better bee. *Nature*, 473, 265.

5 꿀벌에 대해 훌륭한 영감을 주는 번역도서가 두 권 있다.

- 위르겐 타우츠, 유영미(번역). (2009) ≪경이로운 꿀벌의 세계 : 초개체 생태학≫. 이치사이언스.
- 토머스 실리, 하임수(번역). (2012) ≪꿀벌의 민주주의≫. 에코리브르.

6 벌도 피곤을 느낀다는 소식은 다음 기사에서 볼 수 있다.

- Milton, J. (2010) Tired bees make poor dancers. *Nature*, 2010.12.13.

7 서양의 CCD와 동양의 낭충봉아부패병을 현장 취재와 전문가 인터뷰를 통해 완성한 필자의 <과학동아> 기사도 있다. 이 글의 모티브가 된 기사다.

- 윤신영. (2011) 벌의 죽음 : 일시적 변덕인가 멸종의 전조인가. <과학동아>, 2011.7.

8 농업이 처음 시작된 지역을 추정하는 최근 연구는 아래와 같다.

- Riehl, S. et al. (2013) Emergence of Agriculture in the Foothills of the Zagros Mountains of Iran. *Science*, 341(6141), 65-67.

9 불평등의 기원에 대한 새로운 통찰을 담은 <사이언스> 기사는 아래에 있다.

- Pringle, H. (2014) The Ancient roots of the 1%. *Science*, 344(6186), 822-825.

10 니체는 각 민족이 지닌 도덕, 즉 선과 악이 모두 각기 다른 역사적 맥락에서 형성됐다고 봤다. 따라서 선악의 구분은 절대적이지 않았는데, 그 이면에 숨은 실제 동기는 모두 '힘'을 향한 의지뿐이라고 봤다. 선악의 표는 이런 선악 또는 도덕의 체계를 비유한다.

11 신정근 성균관대 교수의 특강은 아래와 같다.

- 신정근. (2014) ≪논어, 인간의 길을 찾다≫. EBS.

12 현재 동양꿀벌(토봉)은 낭충봉아부패병의 극심한 피해에서 겨우 벗어났으며, 아직 명맥을 잇고 있다. 한국토봉협회는 2012년 한국한봉협회로 통합, 재출범했다. 아래는 홈페이지.

- www.nktobee.or.kr

꿀벌이 호랑이에게

1 서양꿀벌과 동양꿀벌이 갈라진 연대는 다음 논문의 서두에 제시돼 있다. 호랑이 게놈 분석은 나중에 따로 소개한다.

- Whitfield, C., et al. (2006) Thrice Out of Africa: Ancient and Recent Expansions of the Honey Bee, *Apis mellifera*. *Science*, 314(5799), 642-645.

2 호랑이의 개체수가 조선시대에 왜 줄어들었는지, 애초에 호랑이는 왜 산이 아닌 습지에 살았는지 등은 김동진 박사의 아래 책에 상세히 연구돼 있다. 이 책은 김 박사의 독창적인 박사학위 논문을 수정 보완한 책이다.

- 김동진. (2009) ≪조선전기 포호정책 연구 : 농지개간의 관점에서≫. 선인

3 간단한 기사로 내용을 알고자 한다면 <과학동아>에 실린 김 박사의 기고문을 읽어볼 수 있다. 이 글을 쓸 때에도 큰 도움을 받았다.

- 김동진, 윤신영(기획 및 편집). (2013) 조선시대 호랑이는 물가에 살았다. <과학동아>, 2013. 8.

4 최근 조선시대 및 일제시대 때 범(호랑이와 표범)의 운명을 짐작하게 하는 책들이 많이 번역됐다. 아래 책을 보면 한국범의 기구한 운명에 대해 더 잘 알 수 있다. 특히 국내외 호랑이 전문가들이 여럿 참여한 '해제'는 큰 도움이 된다.

- 엔도 기미오, 이은옥, 정유진(번역). (2014) ≪한국의 마지막 표범≫. 이담
- 야마모토 다다사부로, 이은옥(번역). (2014) ≪정호기 : 일제강점기 한 일본인의 한국 호랑이 사냥기≫. 에이도스.

5 비중있게 소개한 정혜윤 작가의 책은 다음과 같다.

- 정혜윤. (2012) ≪사생활의 천재들≫. 봄아필.

6 호랑이 유전체(게놈) 해독 결과 논문은 아래와 같다.

- Cho, Y., et al. (2013) The tiger genome and comparative analysis with lion and snow leopard genomes. *Nature communications*, 4:2433, 2013.9.17.

까치의 쪽지

1 까치의 분류와 이주에 대한 이상임 교수팀의 미토콘드리아 연구 논문은 아래와 같다.

- Lee, S., et al. (2003) Phylogeny of magpies (genus *Pica*) inferred from mtDNA data. *Molecular Phylogenetics and Evolution*, 29, 250-257.

2 까치가 얼굴을 인지한다는 이원영 연구원, 이상임 교수팀의 연구 논문은 아래와 같다.

- Lee, W., et al. (2011) Wild birds recognize individual humans: experiments on magpies, *Pica pica*. *Animal Cognition*. 14(6), 817-825.

3 이하 까치의 생태에 대한 설명은 다음 두 자료의 도움을 받았다. 이 가운데 이 교수의 기고문은 까치의 지능과 행태 등 근래의 연구 현황을 종합해 알고자 할 때 좋다.

- 이상임, 윤신영(기획 및 편집) (2014) 거울보고 단장하는 조류계의 영장류 까치. <과학동아>, 2014. 2.
- 부산대학교 외. (2014) '국가장기생태연구사업 3단계 보고서'. 국립환경과학원

PART 2. 나타남과 사라짐-육종과 진화

돼지가 고래에게

1 민부리고래가 잠수 신기록을 세운 연구 조사 결과는 아래 논문에 담겨 있다.

- Schorr, G., et al. First Long-Term Behavioral Records from Cuvier's Beaked Whales (*Ziphius cavirostris*) Reveal Record-Breaking Dives. *PLOS ONE*, 9(3).

2 중생대 말 대멸종과 신생대 포유류의 적응방산에 대한 일반적인 내용을 더 자세히 알고 싶다면 이 번역본이 도움이 된다.

- 도널드 프로세로, 김정은(번역). (2013) 《공룡 이후》. 뿌리와 이파리.

3 고래의 기원과 진화 부분은 임종덕 국립문화재연구소 천연기념물센터 학예연구관의 <과학동아> 기고글과 《공룡 이후》의 도움을 받았다. 고래의 종 다양성이 줄고 있다는 부분도 임 연구관의 글에서 인용했다.

- 임종덕, 윤신영(기획 및 편집). (2013) 4000만 년 전 바다의 최대 포식자, 원시고래. <과학동아>, 2013.9.

4 고래 사체가 바다정원이 되는 과정을 처음 보고한 것은 크랙 스미스 교수의 <네이처> 논문이다. 스미스 교수는 이후 고래 사체 연구의 대가가

됐다. 그의 연구 결과를 가장 쉽고 정확하게 알 수 있는 것도 그의 2003년도 논문이다. 바다 밑 고래 사체의 수 계산도 나와 있다.

- Smith, C., et al. (1989) Vent Fauna On Whale Remains. *Nature*, 341, 27-28.
- Smith, C., et al. (2003) Ecology Of Whale Falls At The Deep-Sea Floor. *Oceanography and Marine Biology: an Annual Review* 2003, 41, 311-354.

5 고래 사체 관련해 일반인이 볼 수 있는 기사로는 크리스핀 리틀 박사의 <사이언티픽 아메리칸>의 기사가 훌륭하다. 한글 기사로는 필자의 <과학동아> 기사가 있다.

- Little, C. (2010) Life at the Bottom: The Prolific Afterlife of Whales. *Scientific American*. 2010.2.
- 윤신영. (2013) 고래는 죽어서 바다정원을 남긴다. <과학동아>, 2013.7.

6 기묘한 생물, 좀비벌레 '오세닥스'에 대해 좀더 알고 싶다면 아래 논문을 보자. 고래의 번성과 동시에 일찌감치 등장했다는 연구 결과다.

- Kiel, S., et al. Fossil traces of the bone-eating worm *Osedax* in early Oligocene whale bones. *PNAS*, 107(19), 8656-8659.

7 구제역 사태 때 현장 취재를 해 구제역 매몰지의 문제를 단독보도한 <과학동아> 기사는 아래와 같다.

- 윤신영, 신선미. (2011) 구제역 지하수 3년 뒤 진짜 위기 온다. <과학동아>, 2011.4.

8 구제역 전문 과학사학자 애비게일 우즈 교수의 저서는 국내에 번역돼 있다. 이 글에서는 이 책과, 그가 2012년 2월 27일 한국을 방문해 경희대에서 학술 발표를 했을 때 취재했던 내용을 바탕으로 했다.

- 아비가일 우즈, 강병철(번역). (2011) ≪인간이 만든 질병 구제역≫. 삶과지식.

9 글에는 짧게 지나갔지만, 공연돌고래 방류 문제도 중요하다. '제돌이' 관련 필자의 현장 기사.

- 윤신영. (2013) 아, 귀향… 제돌이의 눈물. <동아일보>, 2013.5.13.

고래가 비둘기에게

1 스티븐 제이 굴드가 세인트루이스의 비둘기에 대해 재치 있으면서도 애정 어리게 소개한 대목의 출처는 다음과 같다. 이 책은 굴드의 기고문을 엮은 책이다. 해당 글의 원문은 <자연학> 1991년 4월호에 게재됐다.

- 스티븐 제이 굴드, 김명남(번역). (2012) 《여덟 마리 새끼 돼지》. 현암사.

2 나그네 비둘기에 대한 내용은 굴드의 위 책 중 한 에세이('삿갓조개를 잃는다는 것') 외에 다음 책을 참고했다.

- 데이비드 쾀멘, 이충호(번역). (2013) 《도도의 노래》. 김영사.

3 이하 다윈의 종의 기원과 관련한 내용은 완역본 《종의 기원》을 참조했다.

- 찰스 다윈, 송철용(번역). (2009) 다윈 《종의 기원》. 동서문화사.

4 비둘기의 지능에 대한 기사 출처는 다음과 같다. 오타고대 실험 결과도 실려 있다.

- Weir, K. (2014) Who You Calling Featherbrain? *NewScientist*, 2014.5.3.

5 물고기의 지능에 대한 새로운 연구 결과는 학회 발표만 됐다. 관련 뉴스는 아래와 같다.

- Gough, Z. (2014) Cichlid Fish Memory Lasts For Days, Not Seconds. *BBC*, 2014.7.2.

비둘기가 십자매에게

1 본문에 언급된 데이비드 쾀멘의 종의 기원에서는 기기묘묘한 비둘기의

그림만 봤다.

- Charles Darwin, David Quammen(ed.), (2008) 'On the Origin of Species The Illustrated Edition'. Sterling.

2 성선택과 관련해 사슴류의 뿔을 연구한 두 논문은 아래와 같다. 각각 정자 생산력과 병원체 저항성에 대한 논문이다.

- Malo, A. et al., (2005) Antlers Honestly Advertise Sperm Production and Quality. *Proceedings of the Royal Society B*, 272, 149-157.

- Ditchkoff, S.et al., (2001) Major-histocompatibility-complex-associated variation in secondary sexual traits of white-tailed deer (*Odocoileus virginianus*): evidence for good-genes advertisement. *Evolution*, 55, 616-625.

3 책에 소개된 십자매와 야생종 사이의 관계, 메커니즘 등은 다카하시 미키 박사가 직접 쓴 다음 두 글을 보면 가장 쉽다. 이 글을 쓸 때도 핵심적인 부분 일부를 아래 글에 빚졌다.

- 다카하시 미키, 윤신영(기획 및 번역, 편집), (2014) 새장 속의 지저귐이 언어가 된 비밀, 십자매는 알고 있다. <과학동아>, 2014. 7.
- 橘亮輔, 高橋美樹, 岡ノ谷一夫. (2012). さえずりを学ぶ さえずりから学ぶ 鳴禽の歌学習の進化と神経基盤. <現代思想>, 2012年8月号, 224-235.

4 논문 가운데 오카노야 카즈오 교수팀의 연구를 가장 쉽게 요약한 것은 아래와 같다.

- Okanoya, K. (2012). Behavioural factors governing song complexity in Bengalese finches. *International Journal of Comparative Psychology*, 25(1).

- Okanoya, K. (2004). Song syntax in Bengalese finches: proximate and ultimate analyses. *Advances in the Study of Behavior*, 34, 297-346.

5 인간의 언어와 새의 지저귐 사이의 유사성과 차이를 정리하고 비유 연구의 가능성을 제기한 논문은 아래를 보자.

- Berwick, R., et. Al., (2011) Songs to syntax: the linguistics of birdsong. *Trends in Cognitive Sciences*, 15(3), 113-121.

6 오카노야 교수의 생각과 대립하는, 다른 언어 기원 주장은 아래 기사에 제시돼 있다.

- Douglas, K. (2014) The Finch Whisperers. *NewScientist*. 2014. 2.8., 37-40.

7 그 외에 더 깊이 알고자 한다면 아래 논문을 참조하면 좋다.

- Lipkind, D., et al. (2013) Stepwise acquisition of vocal combinatorial capacity in songbirds and human infants. *Nature*, 498, 104-109.
- Yamazaki, Y., et al. (2012) Sequential learning and rule abstraction in Bengalese finches. *Anim Cogn.*, 15, 369-377.

십자매가 공룡에게

1 언급된 <내셔널지오그래픽> 기사는 다음과 같다. 물론 이외에도 공룡 기사는 무수히 많이 나왔다.

- Ostrom, J., (1978) New Ideas about Dinosaurs. *National Geographic*, 1978.8.
- Gore, R. (1993) Dinosaurs, *National Geographic*, 1993.1.
- Ackerman, J. (1998) Dinosaurs Take Wing: The Origin of Birds. *National Geographic*, 1998.7.

2 공룡 르네상스를 비롯해, 공룡에 대한 일반적인 내용은 아래 책을 참고하면 좋다.

- 스콧 샘슨, 김명주(번역), (2011) ≪공룡 오디세이≫. 뿌리와이파리.

PART 3. 경쟁과 협력 - 생의 태에 대하여

버펄로가 사자에게

1 세렝게티에 대한 상세한 내용은 모두 현지 취재 내용에 따른 것이다. 그 내용은 <동아일보>와 <과학동아>에 기사로 썼고, 이 글의 토대가 되기도 했다.

- 윤신영. (2013) 탄자니아 야생동물연구소 '세렝게티 센터'를 가다. <동아일보>, 2013.2.1.

2 스트레스에 대한 일반적인 내용은 다음 책에 상세히, 흥미롭게 나와 있다. 저자 새폴스키는 연구자들 사이에서는 스트레스 분야의 1세대 학자로 불린다. 최근 이 분야는 훨씬 더 광범위한 연구가 이뤄지고 있다.

- 로버트 새폴스키, 이재담·이지윤(번역), (2008) ≪스트레스 : 당신을 병들게 하는 스트레스의 모든 것≫. 사이언스북스.

3 혹시 채식하는 호랑이에 대한 힌두 철학의 비유를 온전히 읽고 싶다면 다음 책을 보자.

- 하인리히 침머, 조지프 캠벨, 김용환(번역), (1992) ≪인도의 철학≫. 대원사.

사자가 네안데르탈인에게

1 피부에 관한 인류학적 연구 결과들은 다음 책에 소개돼 있다.

- 니나 자블론스키, 진선미(번역), (2012) ≪스킨: 피부색에 감춰진 비밀≫. 양문.

2 네안데르탈인이 흰 피부와 붉은 머리카락을 지닐 수 있다는 멜라닌 색소 연구는 아래와 같다.

- Lalueza-Fox, C., et al., (2007) A Melanocortin 1 Receptor Allele Suggests Varying Pigmentation Among Neanderthals. *Science*, 318(5855), 1453-1455.

3 네안데르탈인의 외모를 식민지 시대 식민지 원주민에게 투영했다는 내용

은 이상희 교수의 동아일보 및 과학동아 기고문에 있다. 이 교수의 글은 시리즈이며, 2014년 말 책으로 나올 예정이다.

- 이상희, 윤신영(기획 및 편집), (2013) 너는 네안데르탈인이야! <과학동아>, 2013.7.

4 네안데르탈인의 체구와 후성유전 사이의 관계를 알아보려면 이 최신 논문을 보자.

- Gokhman, D., et al., (2014) Reconstructing the DNA Methylation Maps of the Neandertal and the Denisovan. *Science*, 344(6183), 523-527.

5 네안데르탈인과 현생인류(호모 사피엔스) 사이의 만남을 그린 대목은 다음 책의 서두에 나온다.

- 브라이언 페이건, 김수민(번역), (2012) ≪크로마뇽≫, 더숲.

6 호모 속 인류의 예술과 대칭 개념에 대한 서술은 아래 책에서 단서를 얻었다.

- 미셸 로르블랑셰, 김성희(번역), (2014) ≪예술의 기원≫, 알마.

7 네안데르탈인이 언어유전자 '폭스피투'를 지니고 있다는 연구 결과는 다음과 같다.

- Krause, J., et al., (2007) The derived FOXP2 variant of modern humans was shared with Neandertals. *Curr. Biol.*, 17(21).

8 네안데르탈인 두개골 내를 확인해 언어 가능성을 높인 연구는 아래와 같다.

- D'Anastasio, R., et al., (2013) Micro-Biomechanics of the Kebara 2 Hyoid and Its Implications for Speech in Neanderthals. *PLoS ONE*, 8(12).

9 여성이 남성 집안에 들어와 사는 가족 체제에 대한 연구는 아래 논문이 있다.

- Lalueza-Fox, C., et al., (2011) Genetic evidence for patrilocal mating behavior among Neandertal groups. *PNAS*, 108(1), 250-253.

10 할머니 가설과 관련해, 노년은 현생인류 때에 특히 급격하게 증가했으며 인류 팽창의 주요한 원인이 됐다는 카스파리, 이상희 교수팀의 연구 논문은 아래와 같다.

- Caspari, R, Lee, S., (2004) Older age becomes common late in human evolution. *PNAS*, 101(30), 10895-10900.

11 할머니 가설과 노년에 대해 더 쉽게 풀어 쓴 기사가 <사이언티픽아메리칸>과 <과학동아>에 있다.

- Casparo, R, (2011) The Evolution of Grandparents. *Scientific American*, 2011.8.
- 이상희, 윤신영(정리), (2012) 구석기 시대, 노령인구 늘어나 예술 꽃피웠다. <동아일보>, 2012.6.16.
- 이상희, 윤신영(기획 및 편집), (2012) 우리 할머니는 아티스트. <과학동아>, 2012.10.

12 식물과 구운 음식을 즐긴 네안데르탈인의 식성에 대한 논문은 아래를 참조했다.

- Henry, A., et al., (2010) Microfossils in calculus demonstrate consumption of plants and cooked foods in Neanderthal diets (Shanidar III, Iraq; Spy I and II, Belgium). *PNAS*, 108(2), 486-491.

13 에너지 경쟁 등 네안데르탈인이 사라진 원인을 연구한 논문들은 아래를 참고했다.

- Finlayson, C., et al., (2007) Rapid ecological turnover and its impact on Neanderthal and other human populations. *TRENDS in Ecology and Evolution*, 22(4)
- Froehle, A., et al., (2009) Energetic Competition Between Neandertals and Anatomically Modern Humans. *Paleoanthropology*, 2009, 96-116.

14 네안데르탈인과 현생인류 사이의 혼혈에 관한 스반테 패보 박사팀의 놀라운 연구 결과는 아래에 있다.

- Green, R. et al., (2010) A Draft Sequence of the Neanderthal Genome. *Science*, 328, 710-722.

15 2014년에 나온, 현대인과 네안데르탈인 사이의 교류에 대한 보다 자세하고 직접적인 연구들은 아래와 같다.

- Vernot, B., et al., (2014) Resurrecting Surviving Neandertal Lineages from Modern Human Genomes. *Science*, 343(6174), 1017-1021.
- Sankaraman, S., et al., (2014) The genomic landscape of Neanderthal ancestry in present-day humans. *Nature*, 507, 354-357.

16 네안데르탈인의 최후의 생존 장소(스페인 지브롤터 해협 고람 동굴)와 연대에 대해 전통적인 연구 결과는 다음과 같다. 이 연구에 따르면 네안데르탈인은 2만 8000년 전까지 생존했으며, 최대 2만 4000년 전까지 올라온다.

- Finlayson, C., (2006) Late survival of Neanderthals at the southernmost extreme of Europe. *Nature*, 443, 850-853.

17 이 글의 모티브가 된 과학동아 기사는 이상희 교수와 배기동 한양대 교수, 박선주 충북대 교수를 취재해 썼다.

- 윤신영, (2011) 2만 4000년 전, 네안데르탈인 최후의 날. <과학동아>, 2011.3.

18 네안데르탈인 멸종의 새로운 연대는 최신 연구에 따른 것이다. 방사성탄소연대측정법의 방식을 개선했다는데, 이 연구가 옳다면 많은 고인류학 연구의 세부 내용이 바뀔지 모른다.

- Higham, T., et al., (2014) The timing and spatiotemporal patterning of Neanderthal disappearance. *Nature*, 512, 306-309.

19 패보 박사팀의 초기 연구는 네안데르탈인과 현생인류 사이에 교류가

없었다고 했다. 물론 지금은 패보 박사 스스로 이 결과를 뒤집었다.

- Krings, M., et al., (1997) Neandertal DNA Sequences and the Origin of Modern Humans. *Cell*, 90, 19-30.

네안데르탈인이 인간에게

1 세계의 인구 증가 추세에 대한 개괄은 다음 책이 도움이 된다.

- 카트린 롤레, 박상은(번역), (2011) ≪세계의 인구≫. 현실문화연구.

2 역사시대 이전 과거의 인구 증가 추세를 추론한 부분 중 일부는 위키피디아의 'world population' 정보를 인용했다.

- http://en.wikipedia.org/wiki/World_population

3 약자를 배려하는 성향과 협력, 이타성에 대한 낙관과 희망은 이상희 교수의 다음 글에서 영감을 얻었다.

- 이상희, 윤신영(기획 및 편집), (2013) 인류는 지금도 진화하고 있다. <과학동아>, 2013.12.